Elektronik. Hightech in Patenten

Thomas Heinz Meitinger

Elektronik. Hightech in Patenten

Von der Funktelegraphie, dem Transistor bis zum Quantencomputer

Thomas Heinz Meitinger
Meitinger Patentanwalts GmbH
München, Deutschland

ISBN 978-3-662-69754-2   ISBN 978-3-662-69755-9   (eBook)
https://doi.org/10.1007/978-3-662-69755-9

Die Deutsche Nationalbibliothek verzeichnet diese Publikation in der Deutschen Nationalbibliografie; detaillierte bibliografische Daten sind im Internet über https://portal.dnb.de abrufbar.

Planung/Lektorat: Axel Garbers
Springer Vieweg ist ein Imprint der eingetragenen Gesellschaft Springer-Verlag GmbH, DE und ist ein Teil von Springer Nature.
Die Anschrift der Gesellschaft ist: Heidelberger Platz 3, 14197 Berlin, Germany

Wenn Sie dieses Produkt entsorgen, geben Sie das Papier bitte zum Recycling.

Vorwort

Die Elektronik hat die Welt in den letzten 100 Jahren dramatisch verändert. Es wurden wichtige Entdeckungen und Erfindungen dank des unbändigen Forscherdrangs der Ingenieure und Wissenschaftler erlangt, die zu den heutigen technischen Errungenschaften wie beispielsweise dem Computer oder dem Smartphone geführt haben. Die Elektronik hat für uns Menschen das Antlitz der Welt grundlegend verändert.

Die heutigen elektronischen Apparate erscheinen komplex und unverständlich. Möchte man eine komplexe Technologie verstehen, kann man sich an deren Anfänge erinnern. Am Anfang ist alles noch übersichtlich, denn nur die essentiellen Bauelemente werden am Beginn einer technologischen Entwicklung verwendet. Später kommt eine Vielzahl an Features hinzu, die die Technologie komplex erscheinen lässt und das wesentliche Prinzip der Technologie zudeckt. Möchte man die Essenz einer Technologie verstehen, kann daher ein Blick zurück helfen. Man wird überrascht sein, wie verständlich dann auch zunächst hochkomplex erscheinende Technologien werden.

Dieses Buch soll die Geburt wichtiger Technologien anhand von Patentschriften beschreiben und damit technisches Verständnis schaffen. Ein einmal erreichtes grundlegendes Verständnis bleibt erhalten und lässt sich auf beliebige Technologien anwenden. Das Erwerben dieses technischen Verständnisses wünscht der Autor dem geneigten Leser.

München
im Februar 2024

Dr. Thomas Heinz Meitinger

Inhaltsverzeichnis

Über den Autor

Patentanwalt Dr. Thomas Heinz Meitinger ist deutscher und europäischer Patentanwalt. Nach einem Studium der Elektrotechnik in Karlsruhe arbeitete er zunächst als Entwicklungsingenieur. Spätere Stationen waren Tätigkeiten als Produktionsleiter und technischer Leiter in mittelständischen Unternehmen. Dr. Meitinger veröffentlicht regelmäßig wissenschaftliche Artikel, schreibt Fachbücher zum gewerblichen Rechtsschutz und hält Vorträge zu Themen des Patent-, Marken- und Designrechts. Dr. Meitinger ist Dipl.-Ing. (Univ.) und Dipl.-Wirtsch.-Ing. (FH). Außerdem führt er folgende Mastertitel: LL.M., LL.M., MBA, MBA, M.A. und M.Sc.

Abbildungsverzeichnis

Tabellenverzeichnis

Einführung

In der Einführung wird umrissen, was eigentlich Elektronik ist und welche Teilgebiete unterschieden werden können. Außerdem werden einige Aspekte des Patentrechts vorgestellt, um die Auszüge aus den Patenten, die in diesem Buch verwendet werden, richtig einordnen zu können.

1.1   Was ist Elektronik?

Das Kennzeichen der Elektronik sind elektronische Schaltungen. Mit einer elektronischen Schaltung erfolgt eine Steuerung des elektrischen Stroms, wobei die Schaltung insbesondere Dioden, Transistoren und integrierte Schaltungen (ICs) aufweisen kann. Diese Bauteile werden heutzutage aus Halbleitern, zumeist kristalline Halbleiter, hergestellt, in die Fremdatome eingebracht werden (Dotierung). Mit einer Dotierung kann die elektrische Leitfähigkeit des Halbleiters geändert werden. Kristalline Halbleiter haben eine Kristallstruktur, die amorphe Halbleiter nicht aufweisen. Das Dotieren amorpher Halbleiter ist möglich, aber aufwendiger als das von kristallinem Halbleitermaterial.

T. H. Meitinger, *Elektronik. Hightech in Patenten*,
https://doi.org/10.1007/978-3-662-69755-9_1

1.2   Anfänge der Elektronik

Die Elektronenröhren kennzeichnen den Beginn des Siegeszugs der Elektronik, mit denen die ersten gleichrichtenden und schaltenden Funktionen verwirklicht wurden. Die ersten Computer, insbesondere die Zuse Z22[1] des Computerpioniers Konrad Zuse, der Eniac[2] der US-Armee und der englische Colossus[3] waren mit Elektronenröhren aufgebaut. Diese Computer hatten im Vergleich zu heutigen Heimcomputern eine geringe Leistung, wiesen dennoch gewaltige räumliche Ausmaße auf. Erst mit der Verwendung von dotierten Halbleitern begann die Miniaturisierung und die dynamische Entwicklung der Elektronik.

1.3   Bereiche der Elektronik

Die Elektronik kann in unterschiedliche Bereiche unterteilt werden. Insbesondere kann die Analogtechnik mit den Operationsverstärkern, die Digitaltechnik, die letzten Endes ins Computerzeitalter geführt hat, die Hochfrequenztechnik, die entscheidend die Nachrichtenübertragung bestimmt hat, und die Leistungselektronik für die Ansteuerung von Maschinen unterschieden werden. Die Leistungselektronik ermöglicht außerdem die elektrische Energieübertragung.

Die Elektronik ist heute ein weites Feld, sodass noch beliebig weitere Einteilungen vorgenommen werden können. Insbesondere sollte noch die Mikroelektronik erwähnt werden, die mit den integrierten Schaltungen die weitgehende Verbreitung handlicher elektronischer Geräte wie Smartphones und Laptops ermöglicht hat.

1.4   Patentrecht

In diesem Buch werden insbesondere die Ansprüche, zumeist nur der Hauptanspruch, und die Zeichnungen der Patentschriften vorgestellt und anhand von diesen Extrakten aus Patentschriften die technische Lehre der Erfindungen erläutert.

1.4.1   Ansprüche

Ein Patent enthält mehrere Ansprüche, die in ihrer Gesamtheit als Anspruchssatz bezeichnet werden. In den Ansprüchen wird beschrieben, welche Merkmale die Erfindung umfasst. Der erste Anspruch heißt Hauptanspruch und beschreibt die Merkmale, die unbedingt erforderlich sind, um die Erfindung zu realisieren. Dem Hauptanspruch kann daher

---

[1] Wikipedia, https://de.wikipedia.org/wiki/Z22, abgerufen am 28.02.2024.

[2] Wikipedia, https://de.wikipedia.org/wiki/ENIAC, abgerufen am 28.02.2024.

[3] Wikipedia, https://de.wikipedia.org/wiki/Colossus, abgerufen am 28.02.2024.

die Essenz der Erfindung entnommen werden. Die abhängigen Ansprüche, die sich auf den Hauptanspruch beziehen, beschreiben besondere Ausführungen der grundlegenden Idee der Erfindung.

1.4.2 Vorsicht bei historischen Patenten!

Nicht nur die Technologie erfährt eine Fortentwicklung, sondern auch das Patentrecht. Historische Patente, und insbesondere deren Ansprüche, sind teilweise in einer Art und Weise verfasst, die heutzutage kein Patentamt mehr akzeptieren würde. Oft findet man vage und unscharfe Angaben, Verweise auf Figuren in den Ansprüchen und nichtssagende Formulierungen wie „oder ähnliches". Der Leser sollte sich daher nicht bei der Formulierung eigener Patentanmeldungen an historischen Patenten orientieren. In dieser Hinsicht kann aus den Patenten der Pioniere der Elektronik nicht immer ein nachhaltiger Nutzen gezogen werden.

Elektronenröhren sind aktive elektronische Bauteile, die auf dem Effekt der Glühemission von Elektronen aus einer beheizten Kathode beruhen. Eine Kathode, die negativ geladen ist, und eine Anode, die eine positive Ladung aufweist, werden in einem evakuierten Glaskolben gegenüber angeordnet. Die Kathode wird erhitzt, sodass Elektronen eine so große Bewegungsenergie in der Kathode aufnehmen können, dass sie die Kathode verlassen. Es bildet sich daher um die Kathode eine Wolke aus freien Elektronen. Diese frei gesetzten Elektronen werden von der Anode angezogen, wodurch sich ein Stromfluss ergibt. Damit die Elektronen überhaupt zur Anode gelangen können und nicht von anderen Atomen gestoppt werden, wird die Elektronenröhre luftleer gepumpt (evakuiert). Zwischen der Kathode und der Anode ist ein elektrisch leitfähiges Steuergitter aufgespannt, das von den Elektronen auf ihrem Weg von der Kathode zur Anode passiert wird. Das Steuergitter kann mit unterschiedlichen Ladungen versehen werden, sodass für die Wanderung der Elektronen von der Kathode zu der Anode eine unterschiedlich hohe Hürde aufgebaut werden kann. Das Steuergitter beeinflusst daher die Intensität des Elektronenflusses, also die Stromstärke in der Elektronenröhre. An das Steuergitter kann ein schwaches Signal angelegt werden, das durch eine Elektronenröhre verstärkt werden kann. Das schwache Signal kann beispielsweise ein empfangenes Signal sein, das mit dem aktiven elektronischen Bauteil Elektronenröhre verstärkt wird.

Die Kathode kann als Glühwendel ausgeformt sein, wobei die Funktion des Erhitzens und der Quelle der Elektronen zusammengefasst sind (siehe Abb. 2.1). Werden die Funktionen des Erhitzens der Kathode und der Bereitstellung der Elektronen von unterschiedlichen Bauteilen erfüllt, so spricht man von einer indirekten Heizung (siehe Abb. 2.2). Die Elektronen werden von der Kathode zur Anode beschleunigt und prallen auf die Anode auf, wobei die Elektronen ihre Bewegungsenergie an die Anode abgeben.

T. H. Meitinger, *Elektronik. Hightech in Patenten*,
https://doi.org/10.1007/978-3-662-69755-9_2

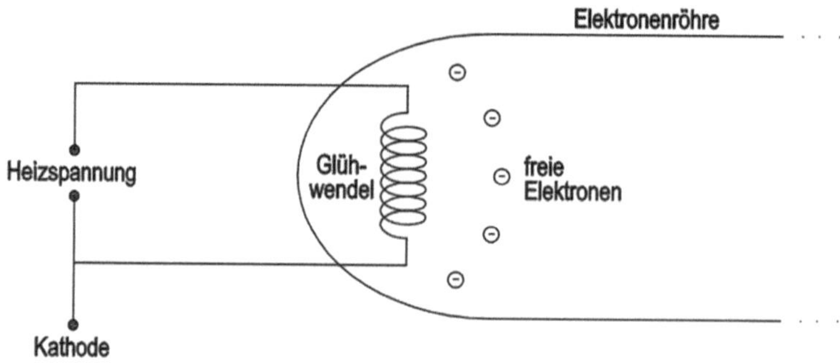

Abb. 2.1 Glühwendel und Kathode als ein Bauteil

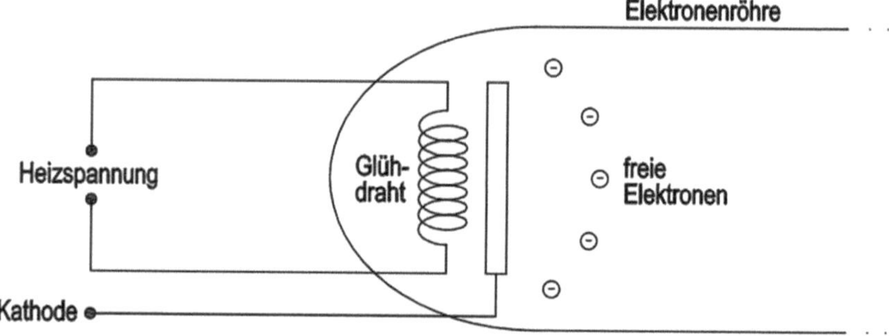

Abb. 2.2 indirekte Heizung

Hierbei wird die Anode erhitzt. Um eine Beschädigung durch die permanente Hitzeeinwirkung zu verhindern und einen dauerhaften Betrieb zu ermöglichen, wird die Anode gekühlt.

2.1 Diode – John Ambrose Fleming

Der englische Physiker John Ambrose Fleming (geboren am 29. November 1849; gestorben am 18. April 1945) beanspruchte in seinem Patent GB 190424850 als erster eine Diode, die mit einer Elektronenröhre/Vakuumröhre aufgebaut wird. Eine Diode ist ein gleichrichtendes Bauteil, das einen Strom nur in eine Richtung zulässt. Dioden können als Ventile für Strom verstanden werden. An eine Diode kann eine Wechselspannung angelegt werden, wobei sich als Ergebnis ein gleichgerichteter Strom ergibt.

Abb. 2.3 zeigt eine Schaltung mit einer Diode, wobei an die Anschlüsse der Diode eine sinusförmige Wechselspannung angelegt wird. Bei den positiven Halbwellen ist die Diode in Durchlassrichtung geschaltet und daher leitend. Bei den negativen Halbwellen der Spannung sperrt die Diode und es fließt kein Strom. Der Widerstand dient der Begrenzung des Stroms durch die Diode. Ein zu hoher Strom durch die Diode, der diese beschädigen könnte, kann so verhindert werden. Durch den Widerstand wird der Strom auf maximal Spannungsspitze/Widerstandswert begrenzt.

John Ambrose Fleming reichte sein Patent am 16. November 1904 beim britischen Patentamt ein. Der Hauptanspruch des Patents lautet:

> *„A vacuous vessel having in it two conductors adjacent to but not touching each other, one of them being heated, these conductors being connected by a circuit outside the vessel, such circuit being exposed to some influence tending to produce an alternating current in it and which*

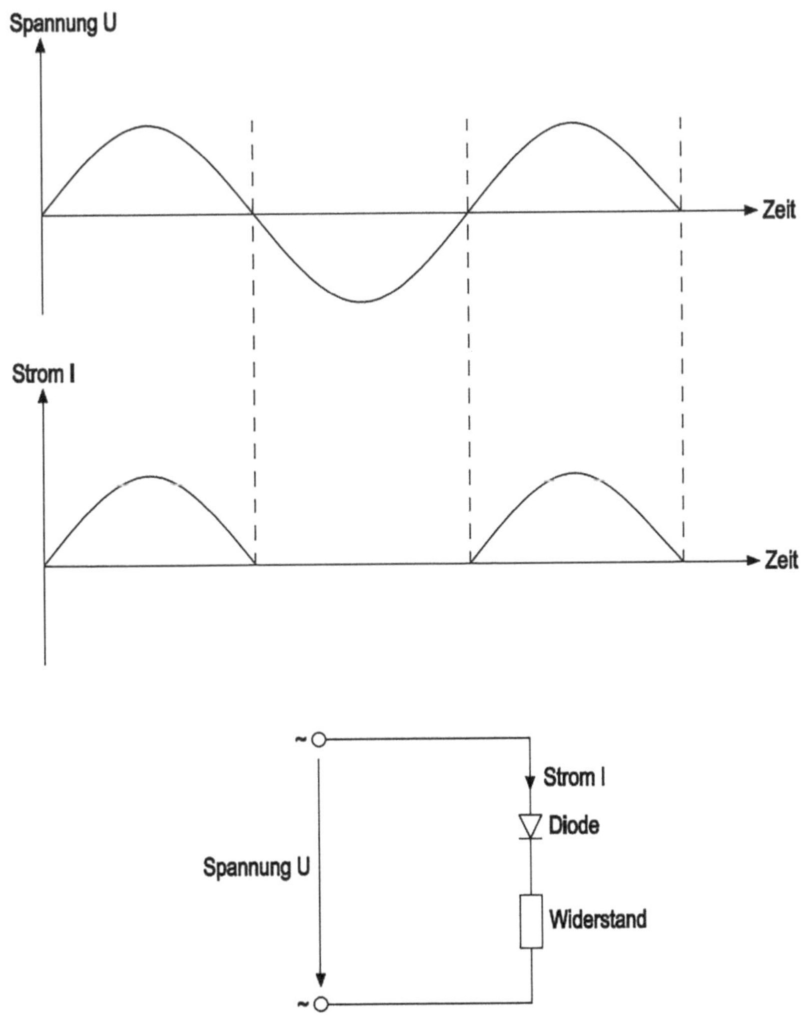

Abb. 2.3 Diode als elektrisches Ventil

contains a galvanometer or other instrument for detecting a continuous current substantially as described."[1]

Fleming beschreibt in seinem Anspruch eine luftleere Röhre, in der zwei Elektroden angeordnet sind, wobei eine Elektrode beheizt wird, sodass sie Elektronen freisetzen kann. An diesen Elektroden wird eine Wechselspannung angelegt. Diese Wechselspannung an den Elektroden führt dazu, dass an der beheizten Elektrode abwechselnd eine negative und eine positive Spannung anliegt. Allerdings kann nur bei einer negativen Spannung die beheizte Elektrode mit Elektronen versorgt werden, die aus der Elektrode herauskatapultiert werden können. Liegt an der beheizten Elektrode eine positive Spannung an, können keine Elektronen emittiert werden. Durch eine Beheizung kann keinesfalls genügend Energie aufgebracht werden, damit Atome oder Moleküle mit fehlenden Elektronen, was Teilchen mit positiver Ladung entspricht, freigesetzt werden. Die Tatsache, dass nur eine Elektrode beheizt wird und die andere kalt bleibt, führt zu dem gewünschten gleichrichtenden Effekt der Elektronenröhre.

Die Abb. 2.4 zeigt die Röhren a, in denen eine Elektrode b angeordnet ist, die durch einen Stromfluss erhitzt werden. Der Stromfluss ergibt sich durch eine Batterie h, die an der Elektrode b angeschlossen ist. Mit der Spule k wird die Wechselspannung eingespeist. Die Vorrichtung wirkt derart, dass zwischen den Elektroden b und c nur ein Elektronenstrom von b nach c ermöglicht wird, wenn an b eine negative Spannung anliegt und an die Elektrode b daher Elektronen geliefert werden, die aufgrund der Erhitzung der Elektrode b diese verlassen können.

2.2   Gleichrichter für Wechselstrom – Peter Cooper Hewitt

Peter Cooper Hewitt (geboren am 5. Mai 1861; gestorben am 25. August 1921) hat in seinem Patent DE 157642, das am 19. Dezember 1902 erteilt wurde, einen Gleichrichter für insbesondere ein Dreiphasensystem beansprucht.

Die Abb. 2.5 zeigt in der Fig. 1 einen Gleichrichter für einen Dreiphasenstrom, in der Fig. 2 und der Fig. 3 einen Gleichrichter für Vierphasenstrom und in der Fig. 4 einen Gleichrichter für einen Einphasenstrom. In einem Einphasenstrom-System gibt es nur einen Wechselstrom. In einem Zweiphasenstrom-System gibt es zwei Wechselströme die phasenversetzt sind, deren Nulldurchgänge und Hoch- und Tiefpunkte daher gegeneinander versetzt sind. Ein Dreiphasenstrom-System weist drei und ein Vierphasenstrom-System vier phasenversetzte Wechselströme auf.

---

[1] DPMA,   https://depatisnet.dpma.de/DepatisNet/depatisnet?action=pdf&docid=GB000190424850A&xxxfull=1, abgerufen am 10.02.2024.

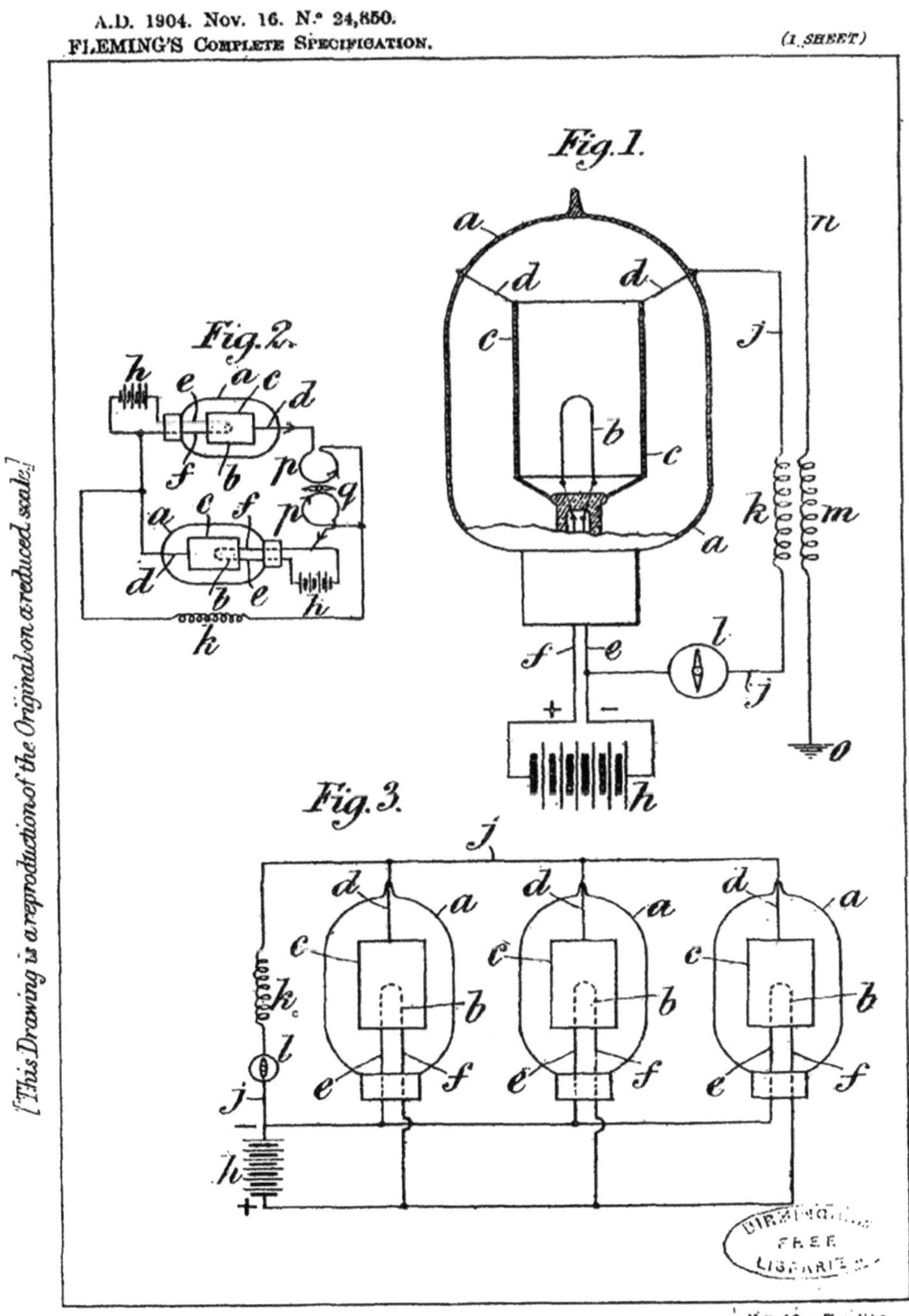

Abb. 2.4   Fig. 1 bis 3 der GB190424850

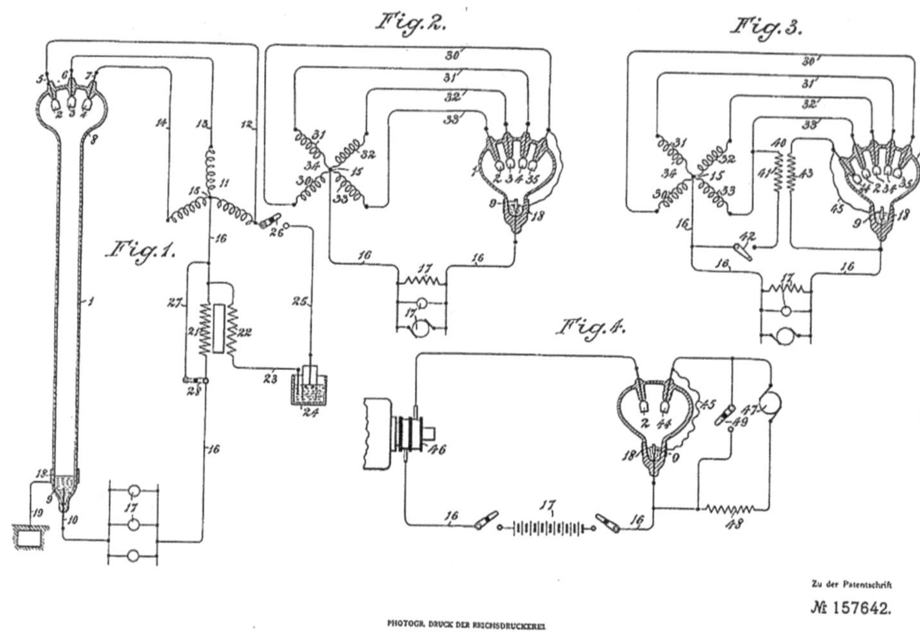

Abb. 2.5 Fig. 1 bis 4 der DE157642

In der Abb. 2.6 ist eine Einphasen-Wechselstromquelle 46 dargestellt, deren Spannung über den Elektroden 2 und 9 anliegt. Außerdem ist in der Röhre eine Ergänzungs-Elektrode 44, die von der Gleichspannungsquelle 47 positiv geladen ist. In der Elektronenröhre des Peter Cooper Hewitt wird ein Quecksilberdampf-Lichtbogen entzündet. Hierzu ist ein Zündvorgang erforderlich, der durch das Öffnen des Schalters 49 eingeleitet wird. Das Öffnen des Schalters 49 erzeugt in der von der Gleichspannung 47 aufgeladenen Spule 48 eine sehr hohe Spannung, die den unterbrochenen Stromfluss fortsetzen möchte. Diese hohe Spannung erzeugt einen ausreichenden Stromfluss in der Glasröhre zwischen den Elektroden 44 und 9 zum Zünden eines Quecksilberdampf-Lichtbogens. An der Kathode ist Quecksilber, das erhitzt Elektronen abgeben kann, die mittels des Lichtbogens zur Anode 2 fließen. Andersherum ist ein Stromfluss von der Elektrode 2 zur Elektrode 9 bei negativer Ladung an der Anode 2 und positiver Ladung an der Elektrode 9 nicht möglich, da dann keine Elektronen aus der Elektrode 9, bzw. das die Elektrode 9 umgebende Quecksilber, austreten können. Die Vorrichtung wirkt daher als Gleichrichter.[2]

---

[2] DPMA, https://depatisnet.dpma.de/DepatisNet/depatisnet?action=pdf&docid=DE0000001 57642A, abgerufen am 28.8.2024.

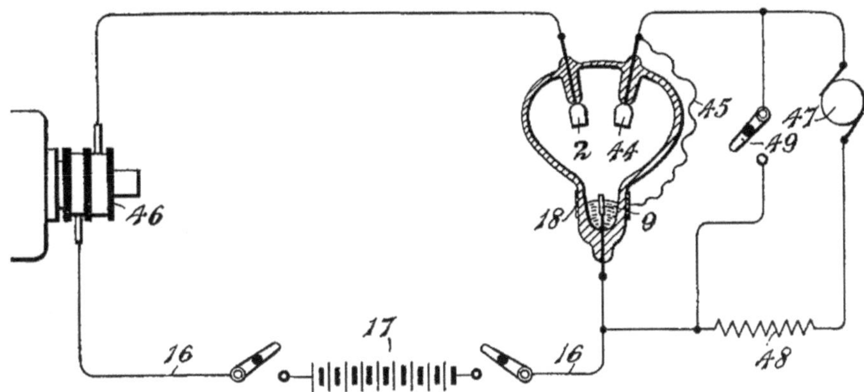

Abb. 2.6 Fig. 4 der DE157642

2.3   Kathodenstrahlrelais – Robert von Lieben

Robert von Lieben (geboren am 5. September 1878; gestorben am 20. Februar 1913)
erhielt am 4. März 1906 ein Patent für sein Kathodenstrahlrelais. Mit dieser queck-
silberdampfgefüllten Röhre wollte er insbesondere eine Verstärkung eines schwachen
elektrischen Signals ermöglichen. Eine sehr ähnliche Erfindung machte ein Jahr später
Lee de Forest mit seiner Audion-Röhre, die heute als Triode bezeichnet wird.

Der einzige Anspruch des Patents von Robert von Lieben lautet:

*„Kathodenstrahlenrelais für Stromwellen bis zu den höchsten Frequenzen, dadurch gekenn-
zeichnet, daß langsame Kathodenstrahlen, in bekannter Weise von einer mit glühendem
Metalloxyd bedeckten Hohlspiegelkathode ausgehend, durch die zu verstärkenden Stromwellen
derart beeinflußt werden, daß sie in ihrem Stromkreise Wellen gleicher Frequenz, aber höherer
Amplitude hervorrufen."*[3]

Der Anspruch offenbart die Aufgabe der Erfindung. Der Strom von einer Kathode zu
einer Anode wird innerhalb einer Elektronenröhre von einem zu verstärkenden Strom
derart beeinflusst, dass ein resultierender Strom dieselbe Frequenz wie der zu verstärkende
Strom aber eine höhere Amplitude aufweist.

Die Abb. 2.7 zeigt das erfinderische Kathodenstrahlrelais mit der Kathode k, die freie
Elektronen in die Glasröhre r abgeben kann. Die Kathode k hat die Form eines Hohl-
spiegels, sodass die Elektronen entsprechend der gestrichelten Linien ausgesandt werden.
Der Brennpunkt der beiden äußeren Elektronenstrahlen ist im Punkt o, der die Öffnung
des Hohlzylinders f darstellt. Die Elektronenstrahlen gelangen außerdem in den inneren

---

[3] DPMA,   https://depatisnet.dpma.de/DepatisNet/depatisnet?action=pdf&docid=DE0000001798
07A&xxxfull=1, abgerufen am 10.02.2024.

Hohlzylinder f^1. Die Bauteile a und b^2 erzeugen den zu verstärkenden Strom, der an den Elektromagnet e angelegt wird. Der Elektromagnet e nimmt Einfluss auf die Bahn der Elektronen, die sich von der Kathode k zu der Öffnung o bewegen. Durch den Einfluss des Elektromagnets e können die Elektronenstrahlen etwas verschoben werden. Wird der Elektromagnet e von einem großen Strom durchflossen, ist der Einfluss des Elektromagnets e groß und nur wenige Elektronen gelangen in die Hohlzylinder f und f^1. Ist andererseits der Strom durch den Elektromagnet e klein, erreicht eine große Anzahl an Elektronen die Hohlzylinder f und f^1. Auf diese Weise ist eine Stromverstärkung möglich, nachdem eine Inversion der Verstärkung vollzogen wird.

Der große Vorteil des Kathodenstrahlrelais von Robert von Lieben ist, dass aufgrund der zu vernachlässigbaren Trägheit der Elektronen eine Verstärkung auch von sehr hohen Frequenzen möglich ist.

Das nachfolgend beschriebene Patent DE 236716 A, das am 4. September 1910 erteilt wurde, beschreibt eine Fortentwicklung des ursprünglichen Kathodenstrahlrelais.

Die Abb. 2.8 zeigt oben in der Fig. 1 eine Hohlspiegelkathode K, die erhitzt wird, damit Elektronen genügend Energie erhalten, um aus der Kathode auszutreten. Die freien Elektronen werden von der positiv geladenen Anode A angezogen. Außerdem sind zwei Platten e und f angeordnet, an denen eine Gleichspannung anliegt. Die Aufgabe der Vorrichtung ist es, den Strom im Primärstromkreis P zu verstärken. Durch diesen Strom

Abb. 2.7 Figur der
DE179807A

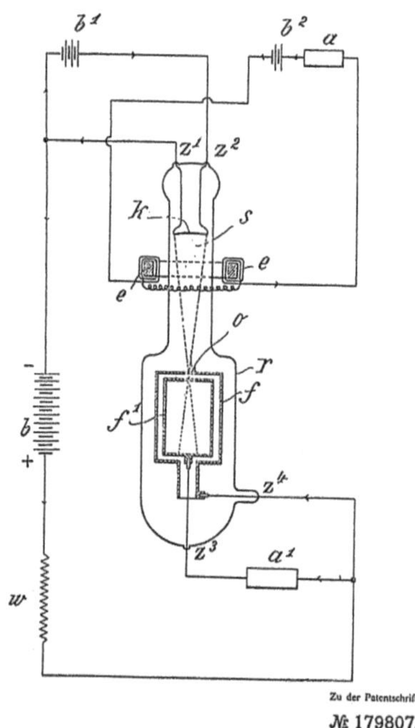

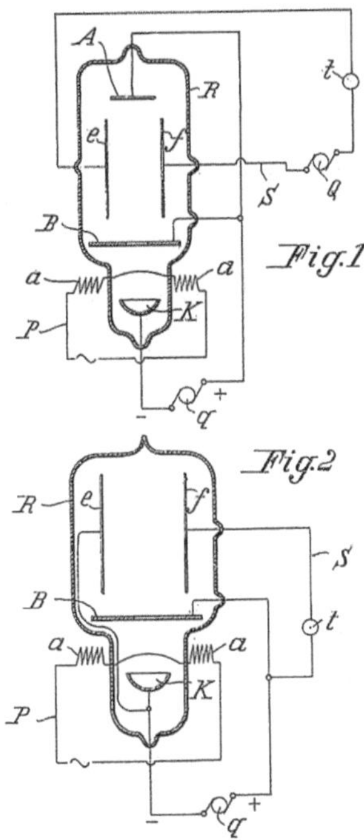

Abb. 2.8 Figuren der
DE236716

werden Elektromagnete a gespeist, die die Elektronen aus der Kathode derart ablenken können, dass sie nicht durch die Blendenöffnung der Blende B gelangen können. Alternativ wird der Elektronenstrahl von der Kathode zur Anode teilweise abgeschnitten. Die Elektronen, die durch die Blendenöffnung gelangen, können auf Gasatome bzw. Gasmoleküle treffen und deren Elektronen herausschlagen, sodass positiv geladene Rest-Gasteilchen, also positiv geladene Ionen, und freie Elektronen entstehen, die von den geladenen Elektrodenplatten e und f angezogen werden. Hierdurch kann sich ein Strom ergeben. Durch den Strom des Primärkreises P kann daher ein verstärkter Strom im Stromkreis S erzeugt werden.[4]

2.4   Audion – Lee De Forest

Lee De Forest (geboren am 26. August 1873; gestorben am 30. Juni 1961) ist der Erfinder des Patents US 879532 A, in dem er einen einfachen Rundfunkempfänger auf Basis einer Elektronenröhre beschreibt. Die Erfindung basiert darauf, ein hochfrequentes Radiosignal in ein hörbares niederfrequentes Signal umzuwandeln. Der Begriff „Audion" leitete Lee

---

[4] DPMA,   https://depatisnet.dpma.de/DepatisNet/depatisnet?action=pdf&docid=DE0000002 36716A, abgerufen am 28.8.2024.

De Forest von dem lateinischen Wort für „ich höre", also audio, ab. Das Patent US 879532 A wurde am 18. Februar 1908 erteilt.

Das Audion war außerordentlich erfolgreich und wurde von einigen Unternehmen kopiert. In Deutschland brachte das Unternehmen Loewe in den 20-er Jahren des letzten Jahrhunderts ein ähnliches Produkt auf den Markt. Später folgte der Volksempfänger und schließlich der „Heinzelmann" von Max Grundig in den frühen Jahren der Bundesrepublik Deutschland.

Die Übersetzung des Hauptanspruchs des Patents von Lee De Forest lautet:

„1. Schwingungsdetektor mit einem evakuierten Gefäß, einer darin eingeschlossenen Elektrode, Mittel zum Heizen der Elektrode, eine zweite Elektrode, die in dem Gefäß eingeschlossen ist, eine lokale Schaltung, deren Anschlüsse elektrisch mit den Elektroden verbunden sind, ein leitendes Element, das in dem Gefäß eingeschlossen ist und sich zwischen den Elektroden befindet, und Mittel zum Übertragen der zu erfassenden Schwingungen, die erfasst werden sollen, an die erstgenannte Elektrode und das leitende Element. "[5]

In der Abb. 2.9 ist in der Fig. 1 ein erstes Empfangsgerät und in der Fig. 2 ein alternatives Empfangsgerät dargestellt. In der Fig. 1 ist VI_1E eine Antennenanordnung, wobei I_1 die primäre Wicklung eines Transformators M ist. Die sekundäre Wicklung I_2 stellt zusammen mit dem Kondensator C einen Empfangsschaltkreis dar. Das wesentliche Element der Schaltung ist D, das eine evakuierte Röhre ist, in der mit den drei leitenden Elementen F, a und b die Funktion einer Triode realisiert wird.

Die Abb. 2.10 zeigt die Prinzipskizze eines Transformators mit der Primärwicklung und der Sekundärwicklung, wobei eine Primärspannung an der Primärwicklung in dem Eisenkern des Transformators einen magnetischen Fluss erzeugt, der zu einer induzierten Sekundärspannung an der Sekundärwicklung führt. Bei der Primärspannung handelt es sich um eine Wechselspannung. Das Verhältnis der Spannungen entspricht der Zahl der Windungen an den Wicklungen:

$$\text{Sekundärspannung/Primärspannung} = \text{Windungszahl}_{\text{Sekundärwicklung}}/\text{Windungszahl}_{\text{Primärwicklung}}$$

Ein Eisenkern ist nicht unbedingt erforderlich, verbessert jedoch die Arbeitsweise des Transformators.

Das Audion entspricht einer Triode. Eine Triode hat drei Anschlüsse, nämlich eine beheizbare Kathode, aus der Elektronen austreten können, eine positiv geladene Anode, von der die Elektronen angezogen werden und eine Gitterelektrode. Die Gitterelektrode ist auf dem Weg der Elektronen von der Kathode zu der Anode angeordnet und kann die Elektronen anziehen oder abstoßen. Die Gitterelektrode kann daher als eine Steuerelektrode aufgefasst werden, die den Stromfluss beeinflusst.

---

[5] DPMA,   https://depatisnet.dpma.de/DepatisNet/depatisnet?action=pdf&docid=US0000008795 32A&xxxfull=1, abgerufen am 11.02.2024.

Abb. 2.9 Fig. 1 und 2 der
US879532

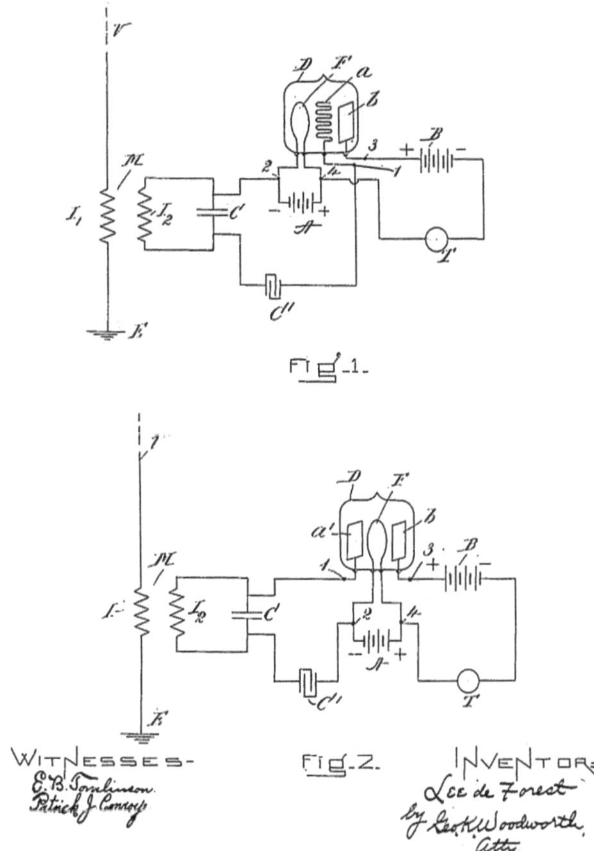

Die Abb. 2.11 zeigt eine Triode mit den Anschlüssen Anode, Kathode und dem Gitteranschluss. Die Kathode wird durch eine Gleichspannung erhitzt, damit Elektronen aus der Kathode austreten können. Diese Elektronen werden von der positiv geladenen Anode angezogen. Zwischen der Anode und der Kathode ist ein Gitter angeordnet, das mit einer elektrischen Ladung beaufschlagt werden kann. Ist das Gitter negativ geladen, stößt es Elektronen ab und es können keine Elektronen zur Anode gelangen. Ist das Gitter nicht geladen, können Elektronen das Gitter passieren. Das Gitter kann daher den Elektronenfluss von der Kathode zur Anode beeinflussen. Spannungsschwankungen $U_{Eingang}$, die an das Gitter angelegt werden, können den Ausgangsstrom $I_{Ausgang}$ steuern. Der Audion der Abb. 2.11 kann daher ein schwaches Spannungs-Empfangssignal $U_{Eingang}$ in einen Strom I wandeln, der hörbar gemacht werden kann. Hierdurch kann ein elektrisches Signal eines Radiosenders in hörbare Nachrichten und Musik transformiert werden. Der Strom $I_{Ausgang}$ ist definitionsgemäß entgegen den Elektronenfluss gerichtet. Die Funktion von Trioden übernehmen heute Transistoren.

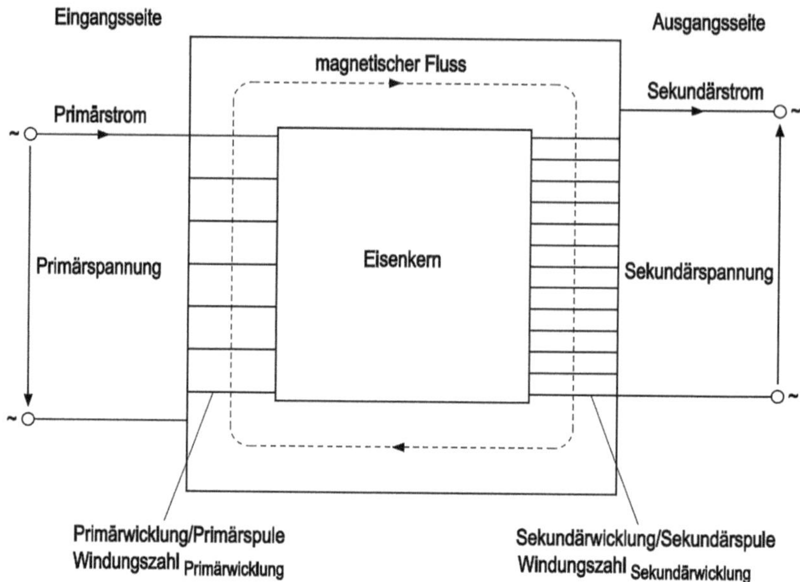

Abb. 2.10 Prinzipskizze eines Transformators

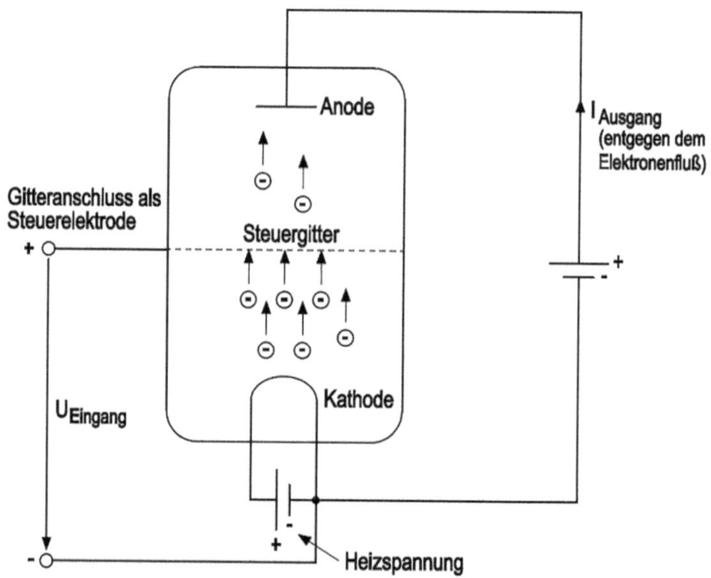

Abb. 2.11 Triode

2.5   Tetrode – Walter Schottky

Walter Schottky (geboren am 23. Juli 1886; gestorben am 4. März 1976) ist der Erfinder der Tetrode (Schirmgitterröhre). In dem Patent DE 300617, das am 1. Juni 1916 erteilt wurde, beschreibt er eine Vakuumverstärkerröhre mit Glühkathode, Anode und einem Steuergitter (Hilfselektrode), wobei zwischen der Anode und dem Steuergitter ein zusätzliches Gitter (Schutznetz/Schirmgitter) angeordnet ist.

Der Hauptanspruch des Patents lautet:

> *„1. Vakuumverstärkerröhre mit Glühkathode und Hilfselektrode, dadurch gekennzeichnet, daß zwischen der Anode (a) und der als Steuervorrichtung dienenden Hilfselektrode (h) ein durchbrochener Leiter (Schutznetz sn) angeordnet ist, der auf konstantem Potenzial gehalten wird.“*[6]

Die Abb. 2.12 zeigt eine Tetrode mit der beheizbaren Kathode und der Anode. Außerdem ist das Steuergitter zwischen der Anode und der Kathode angeordnet, um den Elektronenfluss zu steuern. Die Tetrode weist eine vierte Elektrode, nämlich das Schirmgitter, auf. Das Schirmgitter ist zwischen dem Steuergitter und der Anode angeordnet. Das Schirmgitter erfüllt die Funktion einer Hilfsanode, indem es eine konstante positive Ladung aufweist und dadurch für ein einheitlicheres elektrisches Feld zwischen Anode und Steuergitter sorgt. Der Elektronenstrom kann so verstetigt werden. Ein Schwanken der Anodenspannung als Störfaktor auf den Anodenstrom wird weitgehend ausgeschaltet. Der Anodenstrom wird dadurch unabhängig von der Anodenspannung.

In der Abb. 2.13 des Patents von Walter Schottky ist das Schirmgitter (Schutznetz sn) dargestellt, das zwischen dem Steuergitter (Hilfselektrode) h und der Anode a angeordnet ist.

---

[6] DPMA,   https://depatisnet.dpma.de/DepatisNet/depatisnet?action=pdf&docid=DE0000003006 17A&xxxfull=1, abgerufen am 11.02.2024.

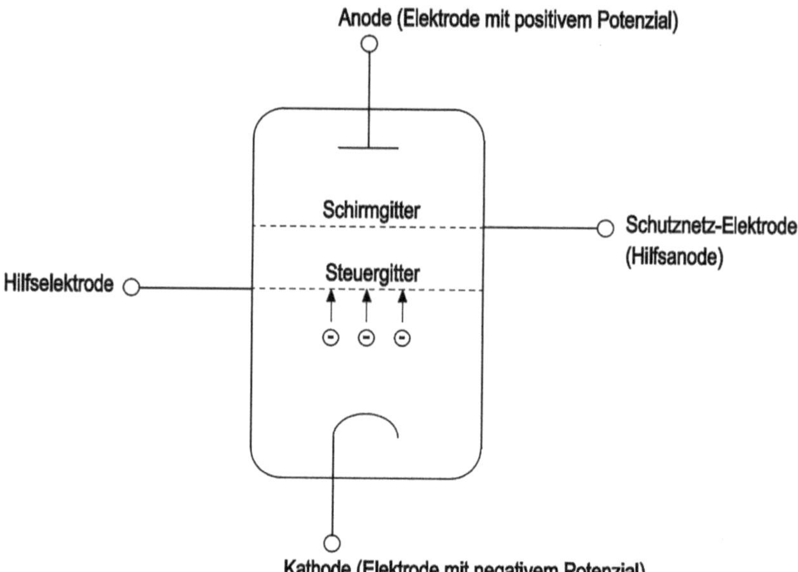

Abb. 2.12 Tetrode

Abb. 2.13 Fig. 1 bis 5 der
DE300617

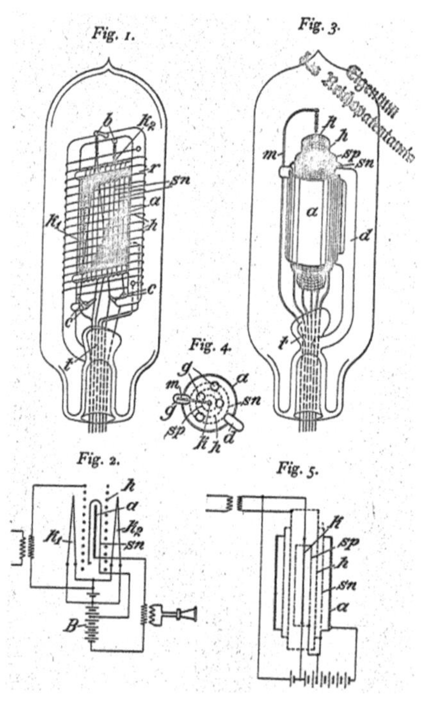

Halbleiterdiode 3

Eine Diode ist ein elektronisches Bauteil, das einen elektrischen Strom in nur eine Richtung passieren lässt. Eine Diode hat eine Durchlassrichtung und eine Sperrrichtung. Dioden weisen daher eine elektrische Ventilwirkung auf und werden zur Gleichrichtung von Wechselströmen beispielsweise bei der Signalverarbeitung eingesetzt. Die Funktionsweise einer Diode beruht auf einem pn-Übergang. Es war bereits seit 1802 bekannt, dass Halbleiter für Strom eine gleichrichtende Wirkung entfalten können.

Seitdem blaue Leuchtdioden hergestellt werden können, ist eine wichtige Anwendung der Halbleiterdioden ihre Verwendung als Leuchtmittel. Durch das Kombinieren roter und grüner Leuchtdioden, die bereits länger zur Verfügung standen, mit blauem Licht von Halbleiterdioden können sämtliche Farben erzeugt werden. Insbesondere kann weißes Licht zur Verfügung gestellt werden, sodass Leuchtdioden die alternativen Lichtmittel, wie Glühbirnen und Leuchtröhren, zunehmend verdrängen.

3.1 pn-Übergang

Ein Halbleiter weist zwei unterschiedlich dotierte Kristalle auf, die aneinandergrenzend angeordnet sind. Ein kristalliner Halbleiter kann dotiert werden. Dotierung bedeutet, dass in eine Kristallstruktur Fremdatome eingebracht werden, die mehr oder weniger Elektronen aufweisen im Vergleich zu den Atomen des Trägermaterials. Überzählige Elektronen weisen keine Bindung mit den Nachbaratomen auf und sind daher frei beweglich. Werden Atome mit weniger Elektronen eingebracht, entstehen Löcher, die Elektronen aufnehmen können. Die Löcher bzw. Fehl- oder Leerstellen können, genauso wie die freien Elektronen, in der Kristallstruktur wandern. Die Fremdatome stören daher die Gitterstruktur des Basismaterials und erzeugen damit eine elektrische Leitfähigkeit des Kristallgitters.

© Der/die Autor(en), exklusiv lizenziert an Springer-Verlag GmbH, DE, ein Teil von Springer Nature 2024

T. H. Meitinger, *Elektronik. Hightech in Patenten*,

https://doi.org/10.1007/978-3-662-69755-9_3

Abb. 3.1 Si-Kristallgitter mit einem Phosphor-Atom P als Fremdatom dotiert

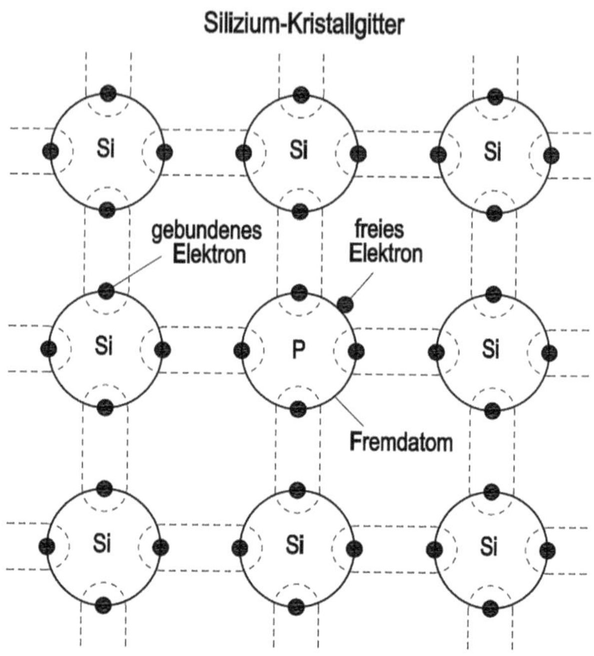

Die Abb. 3.1 zeigt eine Gitterstruktur mit Silizium-Atomen, in die ein Phosphor-Atom P eingesetzt wurde. Das Phosphor-Atom P weist 5 Elektronen auf, wobei in der Silizium-Struktur nur jeweils 4 Elektronen gebunden werden können, sodass sich ein überzähliges Elektron des Phosphor-Atoms P ergibt, das in dem Silizium-Kristallgitter frei beweglich ist.

Die Abb. 3.2 zeigt ein Silizium-Kristallgitter mit einem Aluminium-Fremdatom Al, das nicht vier Elektronen, sondern nur drei aufweist. Es können daher nur die drei Elektronen des Aluminium-Atoms Al in das Silizium-Kristallgitter integriert werden. Es bleibt eine Leerstelle, die „wandern" kann, wobei gebundene Elektronen von Nachbar-Siliziumatomen in die Leerstelle springen. In diesem Sinne „wandert" eine positive Ladung.

Als kristallines Material zur Dotierung wird vorwiegend Silizium verwendet. Eine Alternative ist Germanium.

Eine Halbleiterdiode weist ein n-dotiertes Kristall mit freibeweglichen Elektronen und ein p-dotiertes Kristall mit freibeweglichen Löchern auf. Die frei beweglichen Löcher können als freie positive Ladungseinheiten verstanden werden. Die Abb. 3.3 oben zeigt, wie in dem Übergangsbereich durch Diffusion von dem n-dotierten Kristall freibewegliche Elektronen in den p-dotierten Kristall gelangen und Löcher besetzen. Aus dem p-dotieren Kristall wandern Löcher durch Diffusion in den n-dotierten Kristall und rekombinieren mit frei beweglichen Elektronen. Es ergibt sich dadurch ein Bereich zwischen den Kristallen, der keine freibeweglichen elektrisch geladenen Teilchen enthält. Die Abb. 3.3 unten zeigt

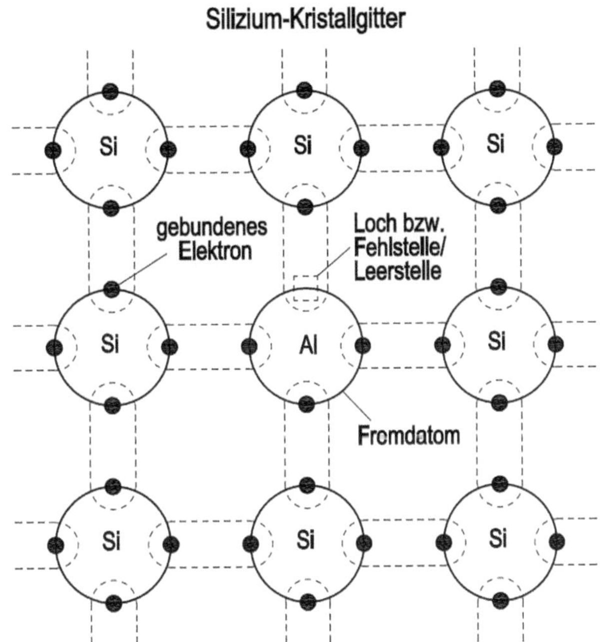

Abb. 3.2 Si-Kristallgitter mit einem Aluminium-Atom Al als Fremdatom dotiert

eine Verarmungszone zwischen den Kristallen, die als Sperrschicht bezeichnet wird. Ein Stromfluss durch die Diode kann nur ermöglicht werden, wenn diese Sperrschicht von zusätzlich eingebrachten elektrisch geladenen Teilchen überwunden wird. Hierzu muss an den Elektroden der Diode eine zur Sperrspannung der Verarmungszone entgegengerichtete Spannung angelegt werden, die mindestens genau so groß ist.

Die Abb. 3.4 oben zeigt eine Spannung U_1 an der Diode, die in Sperrrichtung angelegt ist. Das negative Potenzial der Spannung U_1 an dem p-dotierten Kristall führt zu einem Abziehen der Löcher von der Sperrschicht. Durch das positive Potenzial der Spannung U_1 an dem n-dotierten Kristall gilt dasselbe für die freibeweglichen Elektronen. Im Ergebnis wird die Sperrschicht vergrößert.

Wird jedoch wie in Abb. 3.4 unten gezeigt ein positives Potenzial der Spannung U_2 entgegen der Sperrspannung der Verarmungszone an den p-dotierten Kristall angelegt, werden die freibeweglichen Löcher zur Sperrzone hinbewegt und können diese überwinden. Das gleiche gilt für den n-dotierten Kristall, an dem ein negatives Potenzial der Spannung U_2 anliegt, sodass die freien Elektronen zur Sperrzone gedrückt werden. Insgesamt ergibt sich bei dieser Beschaltung der Halbleiterdiode ein Stromfluss.

Abb. 3.3   pn-Übergang

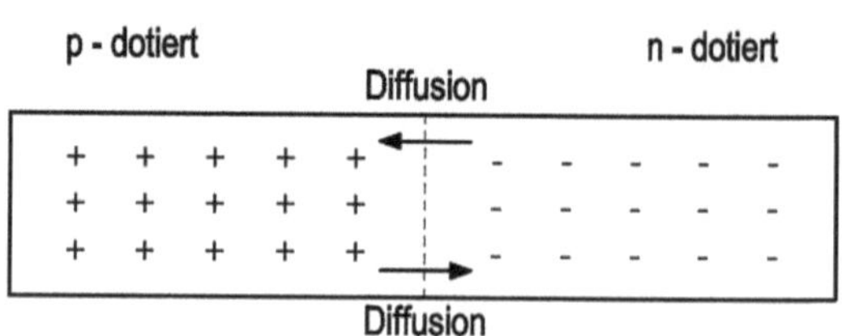

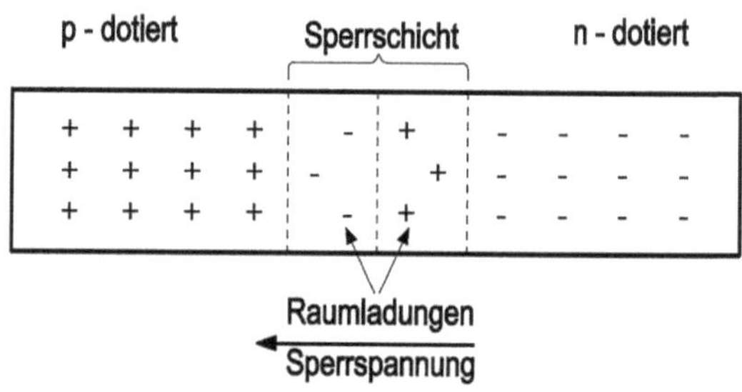

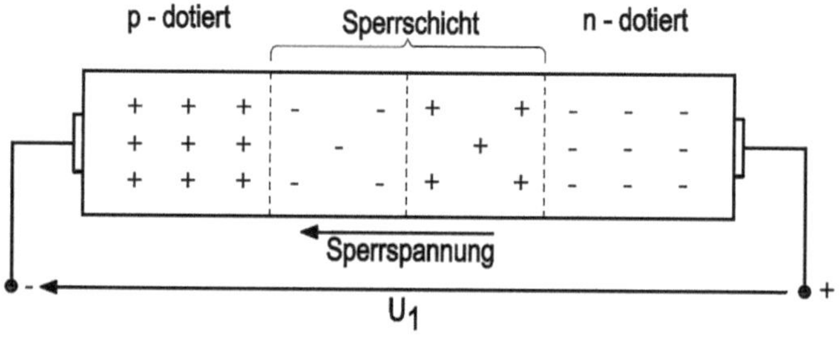

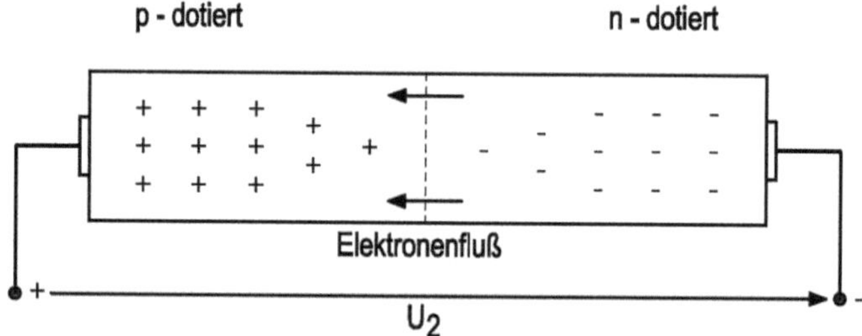

Abb. 3.4   beschalteter pn-Übergang

3.2   Gleichrichterzelle – Franz Pawlowski

Franz Pawlowski ließ sich eine Gleichrichterzelle mit festen Elektrolyten patentieren, bei der das Grundmaterial „Halbschwefelkupfer" bildete. Die Patentschrift DE 163882 führte am 2. August 1904 zum Patent und beschreibt den Effekt, dass Halbschwefelkupfer je nach Stromrichtung einem Strom einen unterschiedlich hohen Widerstand entgegensetzt. Die Ansprüche des Patents lauten:

> *„1. Gleichrichterzelle, gekennzeichnet durch die Anordnung eines festen Elektrolyten, wie unter Umgehung des Umschmelzens dargestellten Halbschwefelkupfers.*
>
> *2. Ausführungsform der Gleichrichterzelle nach Anspruch 1, dadurch gekennzeichnet, daß eine Halbschwefelkupferplatte zwischen zwei Elektrodenplatten, von welchen eine eine Aluminiumplatte ist, angeordnet wird."*[1]

Die Abb. 3.5 zeigt die erfindungsgemäße Gleichrichterzelle mit Platten aus Halbschwefelkupfer 3.

Abb. 3.5 Fig. 1 bis 3 der DE163882

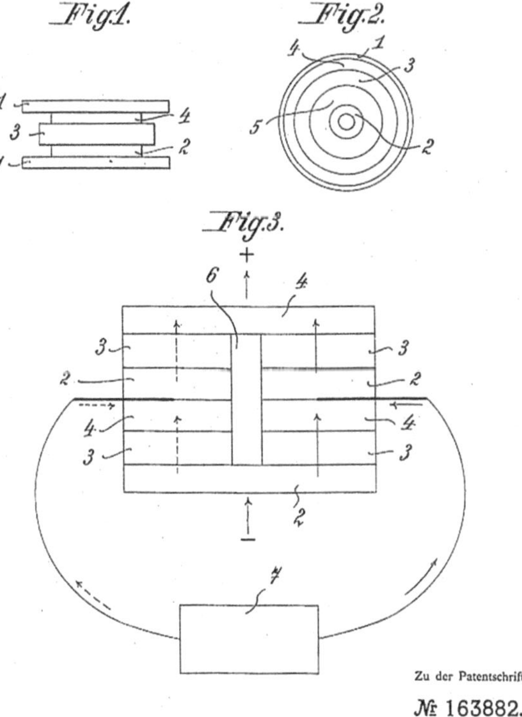

---

[1] DPMA,   https://depatisnet.dpma.de/DepatisNet/depatisnet?action=pdf&docid=DE0000001 63882A, abgerufen am 02.03.2024.

3.3   Gleichrichter aus Silizium – Greenleaf Whittier Pickard

Greenleaf Whittier Pickard (geboren am 14. Februar 1877; gestorben am 8. Januar 1956) erhielt am 20. November 1906 das Patent US 836531 für „Mittel zum Empfang von Nachrichten, die durch elektrische Wellen übermittelt werden". Die Erfindung von Pickard stellt die erste Diode dar, bei der ein Kristall zur Gleichrichtung verwendet wird. Mit der Gleichrichtungsvorrichtung von Pickard wurden bis ca. 1920 Radios ausgestattet, um ein empfangenes Signal hörbar zu machen. Hierbei wird der Vorgang der Demodulation angewendet, bei dem ein Nutzsignal wiederhergestellt wird, das zuvor durch Modulation auf eine Trägerfrequenz aufmoduliert wurde. Insbesondere werden Nutzsignale auf hohe Frequenzen als Träger aufmoduliert, nehmen also die hohe Frequenz des Trägers an. Durch die sich ergebende hohe Frequenz können Nutzsignale über weite Strecken mit nur geringem Qualitätsverlust übertragen werden.

Die Abb. 3.6 zeigt den Vorgang der Demodulation, bei dem ein übermitteltes Signal eines Senders hörbar gemacht wird. Die Eingangsspannung (oberes Diagramm) eines Senders wird zunächst gleichgerichtet (mittleres Diagramm). Die gleichgerichtete Spannung enthält in der Einhüllenden das Nutzsignal. Der hochfrequente Anteil ist noch zu entfernen, um das reine Nutzsignal, das in der Einhüllenden enthalten ist, zu erhalten. Hierzu kann ein Tiefpass-Filter verwendet werden. Ein Kopfhörer stellt bereits einen Tiefpass dar, da der Kopfhörer zu träge ist, um der hochfrequenten Schwingung zu folgen. Der Kopfhörer kann durch seine Trägheit dem hochfrequenten Anteil nicht folgen, wodurch nur noch die Einhüllende übrig bleibt, die eine kleinere Frequenz aufweist, der der Kopfhörer folgen kann. Mit dem Gleichrichter von Pickard und einem Kopfhörer kann daher bereits ein einfaches Radio aufgebaut werden.

Der Hauptanspruch des Patents lautet:

> *„As an element of a means for receiving intelligence communicated by electric waves, the substance silicon, substantially as and for the purpose described."*[2]

Das Material Silizium (silicon) ist daher entscheidend für die Gleichrichtung. Die Abb. 3.7 zeigt die erfindungsgemäße Diode mit einer Platte 18, die das Siliziummaterial N aufnimmt.

---

[2] DPMA,   https://depatisnet.dpma.de/DepatisNet/depatisnet?action=pdf&docid=US0000008 36531A, abgerufen am 02.03.2024.

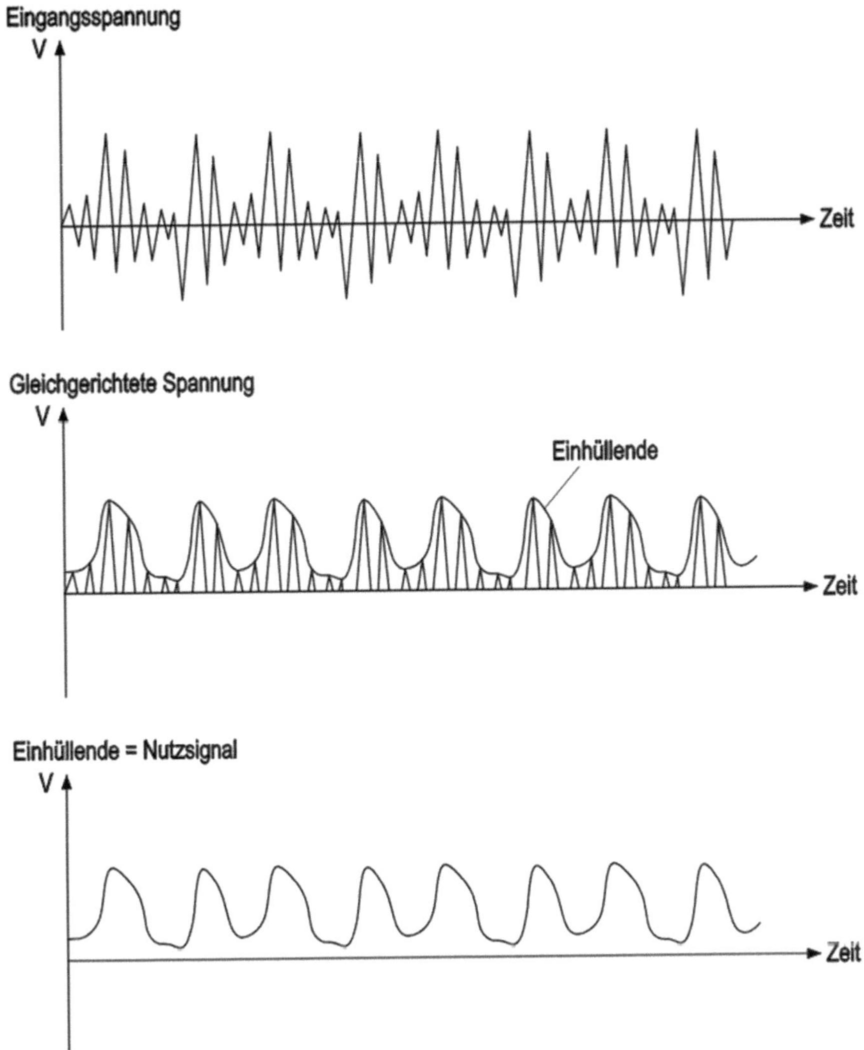

Abb. 3.6 Radiosignal demodulieren

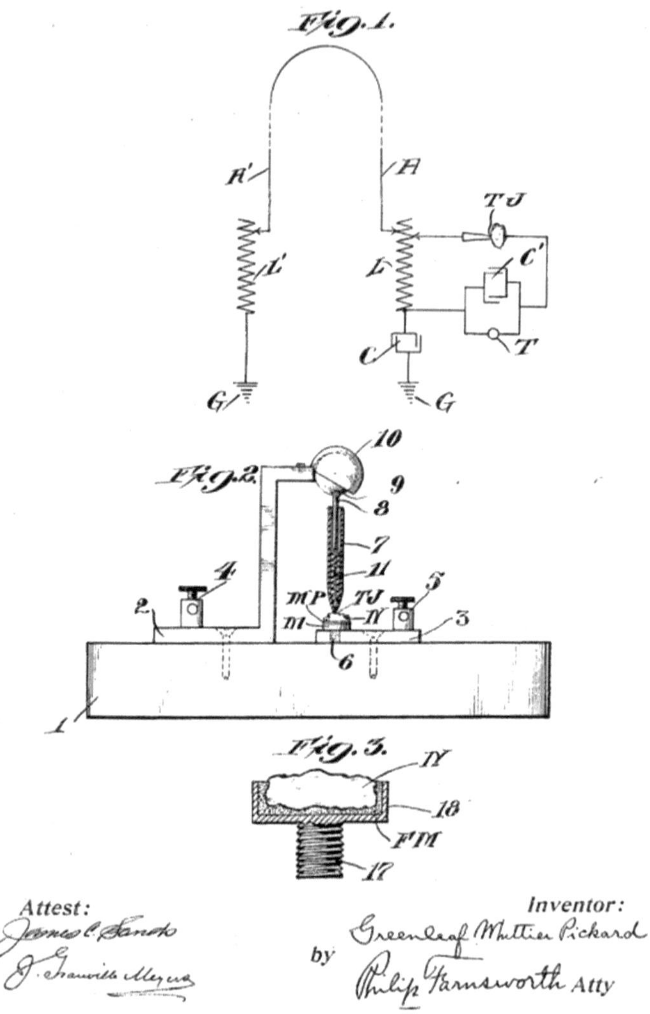

Abb. 3.7 Fig. 1 bis 3 der US836531

3.4   Kapazitätsdiode – Sanford H. Barnes

Eine Diode weist eine Sperrschicht zwischen den beiden Halbleiterkristallen auf. Diese Sperrschicht kann durch eine entsprechende Spannung vergrößert werden, wodurch faktisch die freien Ladungsträgern auf den Halbleiterkristallen weiter voneinander entfernt werden. Dies entspricht dem Auseinanderziehen der Platten eines Kondensators, wodurch sich dessen Kapazität verkleinert. Die Änderung der Verarmungszone einer Diode kann daher dazu genutzt werden, einen variablen Kondensator darzustellen.

Die Abb. 3.8 zeigt das Funktionsprinzip einer Kapazitätsdiode, bei der die Kapazität durch eine Änderung der angelegten Spannung variiert wird. Die Kapazitätsdiode wurde durch Sanford H. Barnes entwickelt, der in seinem Patent US 2989671 A, das am 23. Mai 1958 beim Patentamt eingereicht wurde, seine Erfindung beschreibt.

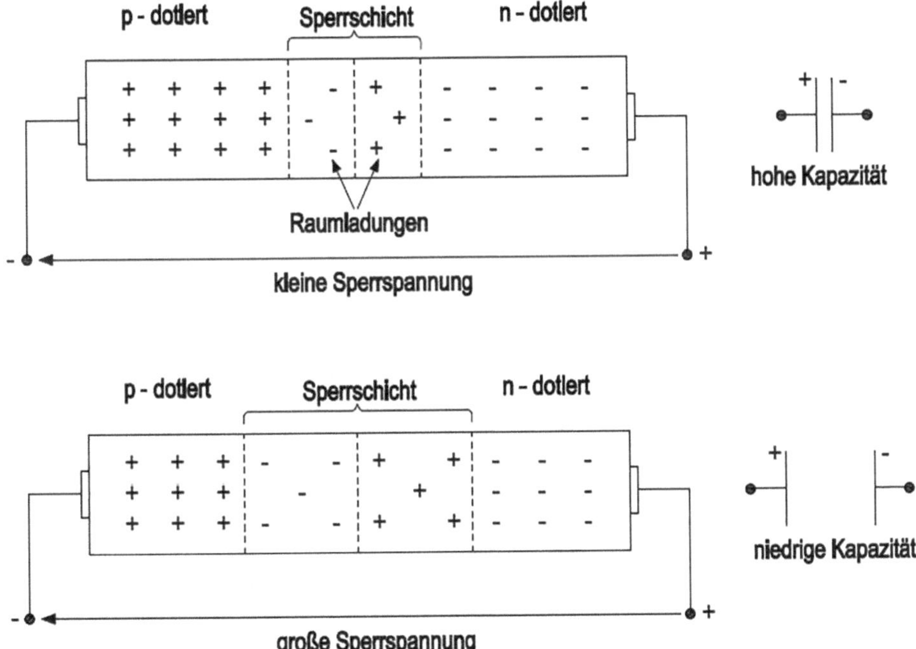

Abb. 3.8 Kapazitätsdiode

Der Hauptanspruch der Patentschrift lautet:

> *„1. In a silicon semiconductor device having a capacitance which is substantially independent of the frequency of the applied voltage which capacitance varies inversely as a function of the amplitude of the applied reverse voltage over a continuous range of from 5 to 80 V, said characteristics of said device being controlled in manufacture to within a tolerance of 20% by: placing in contact with a body of N-type conductivity silicon whose resistivity is in the range from 0.1 to 1.5 Ω-centimeters a foil of 99% gold and 1% antimony, said foil having a thickness of 0.0011 plus or minus 0.0002 inch; quickly heating said body to a temperature of approximately 450 °C.; retaining said body at said temperature for approximately five minutes; and cooling said body at a rate of not more than 12 °C. per minute until a temperature of 200 °C. is reached. "[3]*

In seinem Anspruch beschreibt Barnes seine Kapazitätsdiode, an der eine Spannung in Sperrrichtung zwischen 5 und 80 V angelegt werden kann, um eine Änderung der Kapazität zu erreichen.

Die Abb. 3.9 zeigt Ausführungsformen der erfinderischen Diode und in der Fig. 5 ist die Abhängigkeit der Kapazität von der angelegten Spannung in Sperrrichtung dargestellt.

---

[3] DPMA,   https://depatisnet.dpma.de/DepatisNet/depatisnet?action=pdf&docid=US0000029 89671A, abgerufen am 21.02.2024.

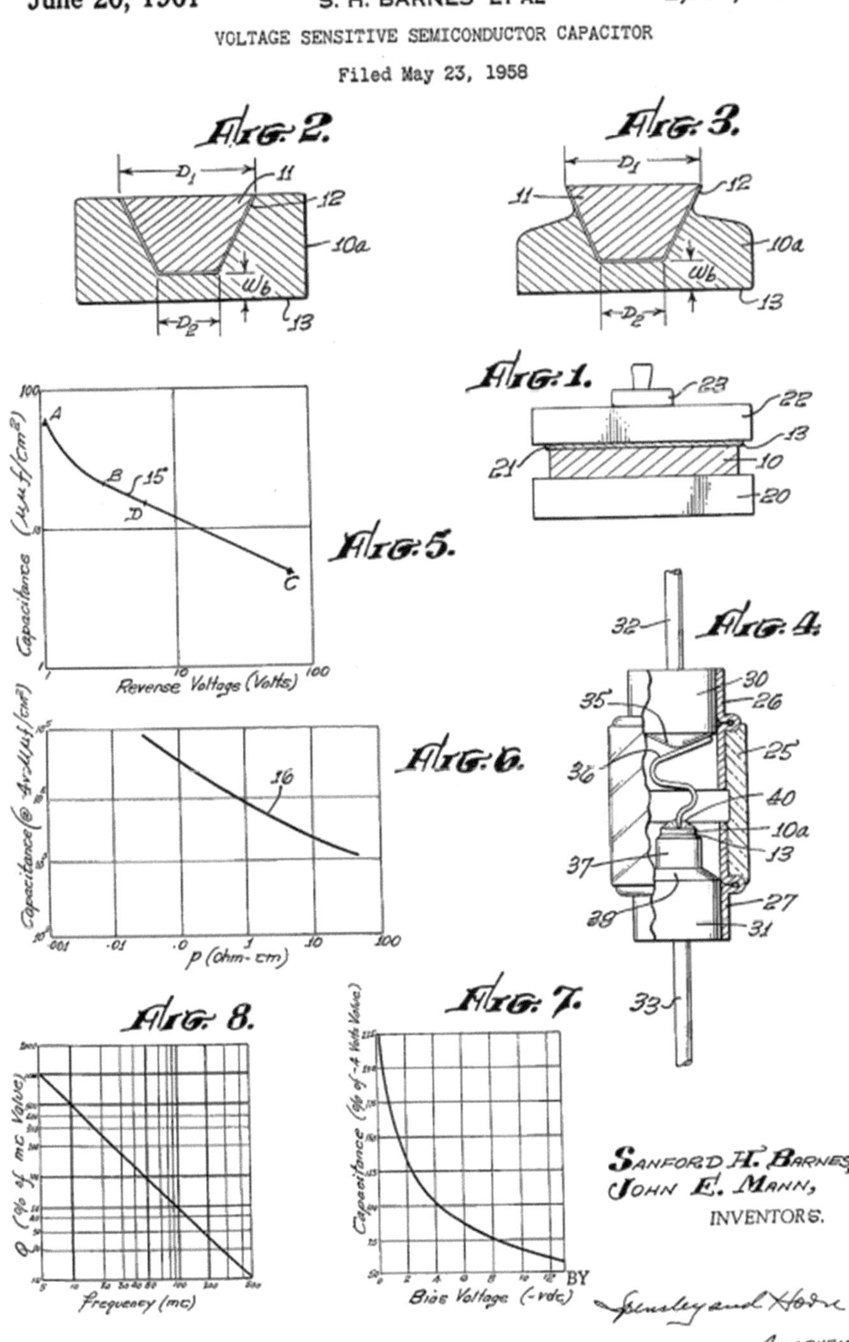

Abb. 3.9 Fig. 1 bis 8 der US2989671

3.5 Spannungsgesteuerter Oszillator (VCO) – Karl-Heinz Kupfer

Karl-Heinz Kupfer entwickelte auf Basis einer Kapazitätsdiode als erster einen spannungsgesteuerten Oszillator (VCO voltage-controlled oscillator). Die Frequenz der Oszillatorschwingung eines spannungsgesteuerten Oszillators kann mit einer Spannungsänderung variiert werden. In seinem Patent DE 1296226 mit dem Titel „Abstimm-Schaltungsanordnung mit einer Schaltdiode", das am 9. Dezember 1967 beim Patentamt eingereicht wurde, beschreibt er seine Erfindung.

Ein einfacher Oszillator ist der LC-Schwingkreis. Der LC-Schwingkreis besteht aus einer Zusammenschaltung einer Spule und eines Kondensators, die periodisch auf- und entladen werden. Abb. 3.10 zeigt einen Schwingkreis, der aus einem Kondensator C und einer Spule L zusammengesetzt ist. Zunächst kann der Kondensator aufgeladen werden (erste Darstellung). Diese Ladung fließt über die Spule L ab, wobei sich in der Spule ein magnetisches Feld aufbaut (zweite Darstellung). Die Energie dieses Feldes wird abgebaut, wodurch der Kondensator wieder aufgeladen wird (dritte Darstellung), allerdings dieses Mal mit einer umgekehrten Spannung. Diese Spannung führt zu einem Strom in zur zweiten Darstellung entgegen gesetzten Richtung, wodurch die Spule ein magnetisches Feld aufbaut (vierte Darstellung). Dieses Feld führt zur Aufladung des Kondensators entsprechend der ersten Darstellung. Es ergibt sich daher eine Oszillation des Stromes bzw. der Ladung. Wird nun die Kapazität des Kondensators verändert, kann die Frequenz der Oszillation ebenfalls variiert werden.

Der Hauptanspruch des Patents DE 1296226 von Karl-Heinz Kupfer lautet:

„1. Abstimm-Schaltungsanordnung mit einem örtlichen Oszillator, die auf zwei Frequenzen oder Frequenzbereiche umschaltbar ist mittels wenigstens einer Schaltdiode, die im einen Zustand durch eine Sperrspannung nichtleitend ist und die im anderen Zustand dadurch, daß ihr von einer Öffnungsspannung ein in Öffnungsrichtung fließender Strom zugeführt wird, eine niederohmige Verbindung zwischen Schwingkreiselementen herstellt, dadurch gekennzeichnet, daß zur Gewinnung der Sperrspannung die an die Oszillator-Schaltdiode (12) angeschlossenen Glieder derart bemessen sind, daß eine extreme Spitzengleichrichtung der Oszillatorschwingungen auftritt und durch eine große Entladezeitkonstante der gleichstromseitig angeschlossenen Kapazitäten (13 und 14) und einen entsprechend hochohmigen Ableitwiderstand erreicht wird, daß die Diode (12) nur sehr wenig Strom führt."[4]

Die Abb. 3.11 zeigt die einzige Figur des Patents mit einem LC-Schwingkreis, der aus dem Kondensator 5 und den Spulen 2 und 3 besteht. Außerdem umfasst der Schwingkreis die Diode 4, deren Kapazität mit dem Anschluss A variiert werden kann. Über den Anschluss A kann daher die Frequenz des Schwingkreises mit den Bauteilen 2, 3, 4 und 5 eingestellt werden.

---

[4] DPMA, https://depatisnet.dpma.de/DepatisNet/depatisnet?action=pdf&docid=DE0000012 96226B, abgerufen am 21.02.2024.

Abb. 3.10 LC-Schwingkreis

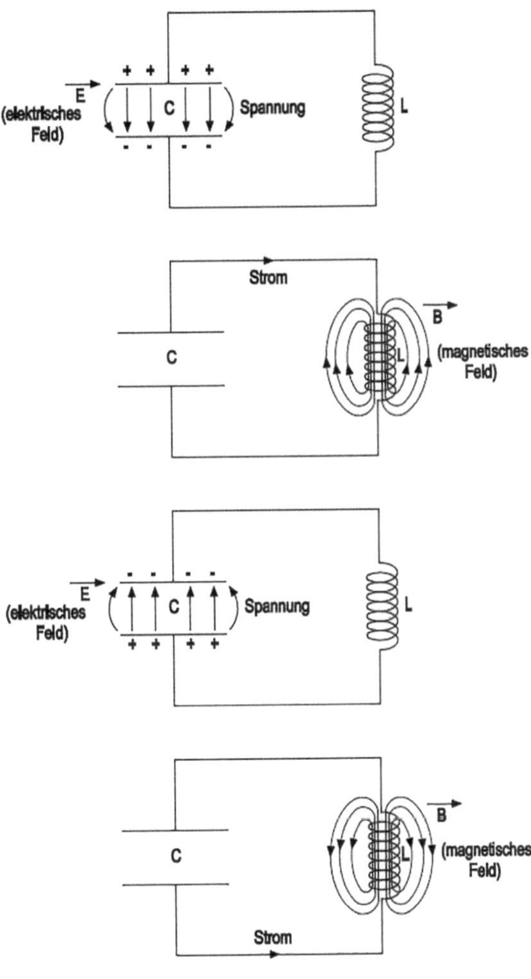

Abb. 3.11 Figur der
DE1296226

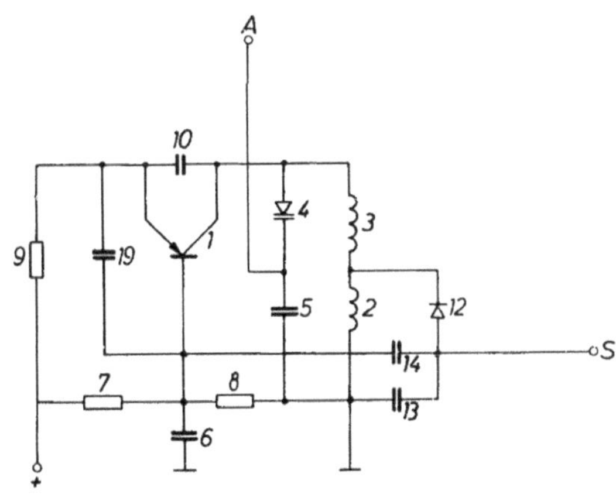

3.6   Photodiode – Russel Shoemaker Ohl

Russel Shoemaker Ohl (geboren am 30. Januar 1898; gestorben am 20. März 1987) war ein Wegbereiter der modernen Photodiode. In seinem Patent US 2,402,662 beschreibt er Anordnungen, um den inneren Photoeffekt zu nutzen.

Es gibt einen inneren und einen äußeren photoelektrischen Effekt. In beiden Fällen absorbiert ein Elektron in einer festen Bindung, beispielsweise in einem Atom, einem Valenz- oder einem Leitungsband eines Festkörpers, ein Photon und erhält damit eine so große Energie, dass es beispielsweise das Atom verlassen kann. Das Photon muss dabei dem Elektron eine größere Energie übertragen als die Energie, die das Elektron in der Bindung hält. Ein Photon ist ein Lichtquant, das masselos ist und als ein Energiepaket aus elektromagnetischer Strahlung verstanden werden kann. Ein Photon kann nur bestimmte Energiepakete aufweisen, es ist daher in seiner Energie quantisiert. Das Tageslicht ist ein Gemisch von Photonen unterschiedlicher Energien. Laserlicht weist nur Photonen mit gleicher Energie auf. Laserlicht wird als kohärentes Licht bezeichnet. Die Energie eines Photons ist: $E = h \bullet f$. Der Buchstabe f steht für die Frequenz der Schwingung des Photons und h ist die Planck-Konstante, die eine fundamentale Naturkonstante ist. Je nach der Frequenz kann ein Photon im sichtbaren Bereich, im infraroten oder ultravioletten Bereich liegen. Die Photonen eines Lasers weisen alle dieselbe Frequenz auf.

Der photoelektrische Effekt basiert daher darauf, dass die Energie eines Photons von einem Elektron aufgenommen wird. Allerdings wird ein Elektron nicht die vollständige Photonenenergie übernehmen, sondern nur einen Teil. Die restliche Photonenenergie erzeugt ein neues Photon mit geringerer Energie. Dieser Vorgang der Lichterzeugung mit geringerer Energie wird als Compton-Effekt bezeichnet.

Beim äußeren photoelektrischen Effekt trifft ein Photon auf die Oberfläche eines Festkörpers, übergibt seine Energie an ein Elektron, das die Bindung zum Festkörper überwinden kann und diesen Festkörper verlässt.

Der innere photoelektrische Effekt führt nicht zum Verlassen eines Festkörpers. Stattdessen treffen Photonen auf den Festkörper, beispielsweise auf die Sperrschicht einer Halbleiterdiode. Durch die Energie der Photonen können Elektronen aus Atomen geschlagen werden, sodass sich freie Ladungsträger ergeben. Diese Ladungsträger erzeugen einen Stromfluss innerhalb des Festkörpers. Eine Photodiode kann daher eine Bestrahlung durch Photonen durch einen Stromfluss kenntlich machen.

Der Hauptanspruch des Patents von Russel Shoemaker Ohl lautet:

> *„1. The method of producing a light sensitive electric device which comprises fusing purified powdered silicon in an inert atmosphere in a silica (SiO2) crucible, cooling the silicon so as to produce an ingot which includes a light sensitive portion intermediate the top and bottom of the ingot on either side of which portion the ingot is visibly different in structure, cutting a section from said ingot which includes some of said intermediate and adjacent portions, and attaching electrical connections to the portions of said section on opposite sides of said intermediate portion. “*[5]

In dem Anspruch wird die Herstellung einer Photodiode beschrieben.

Die Abb. 3.12 zeigt in der Fig. 1 die Herstellung eines Siliziumblocks 5 in einem Tiegel 6. Die Fig. 2 zeigt eine Siliziumplatte 10, die aus einem Siliziumblock 5 herausgeschnitten wurde. An den Enden der Platte sind Anschlüsse 12 und 13 vorgesehen, um den durch den inneren Photoeffekt erzeugten Strom abzunehmen.

Die Abb. 3.13 zeigt alternative Photodioden.

---

[5] DPMA,   https://depatisnet.dpma.de/DepatisNet/depatisnet?action=pdf&docid=US0000024 02662A, abgerufen am 22.02.2024.

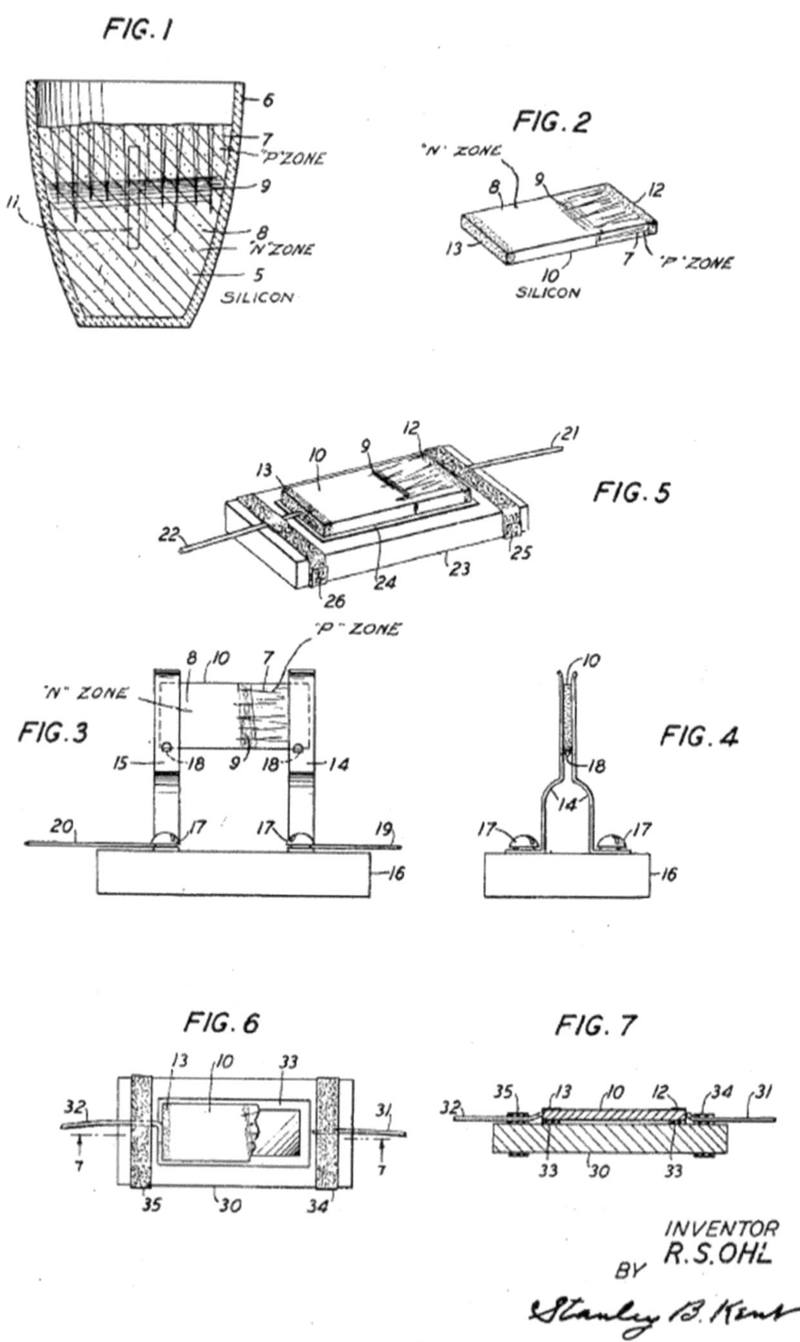

Abb. 3.12 Fig. 1 bis 7 der US2402662

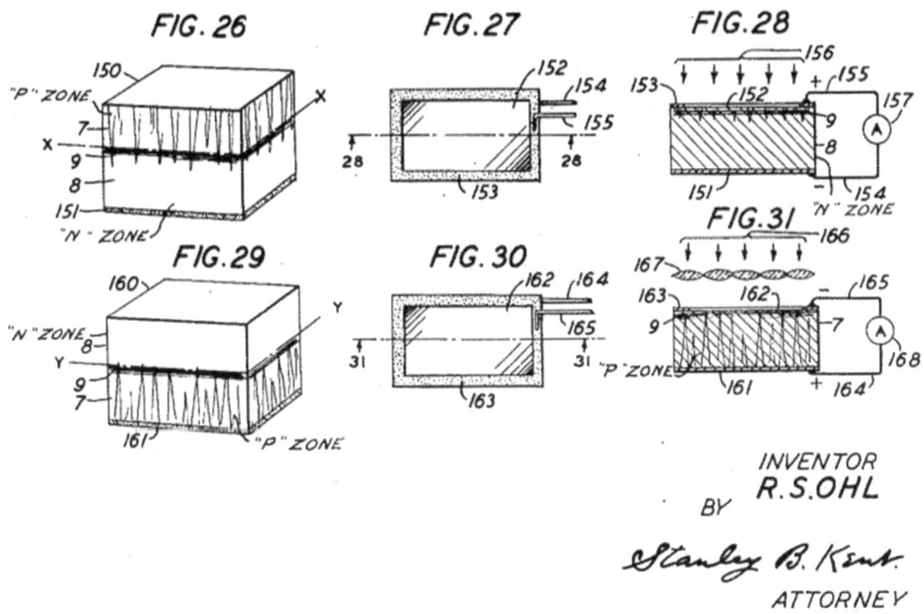

Abb. 3.13 Fig. 26 bis 31 der US2402662A

3.7 Leuchtdiode

Eine Leuchtdiode, auch als LED bezeichnet, das ein Akronym von light-emitting diode ist, ist ein Halbleiterelement, das wie eine gewöhnliche Diode eine Durchflussrichtung und eine Sperrrichtung aufweist. Wird eine Spannung an die Diode angelegt, sodass die Sperrschicht von den Ladungsträgern überwunden werden kann, kombinieren Leerstellen und Elektronen und wandeln ihre Energie in Lichtphotonen um. Die Leuchtdiode weist einen für die Lichtphotonen transparenten Bereich auf, sodass die Lichtphotonen, die durch Rekombination von Elektronen mit Löchern entstanden sind, die Diode verlassen können.

Fließt Strom in Durchlassrichtung, leuchtet die Diode. Die Wellenlänge des ausgestrahlten Lichts hängt von dem Halbleitermaterial und der Dotierung ab. Bereits in den 60er Jahren des letzten Jahrhunderts waren rote und grüne LEDs verfügbar. Erst deutlich später kamen blaue LEDs auf den Markt, die in Kombination mit den roten und grünen LEDs weißes Licht erzeugen können. Ab den 2000er Jahren begannen weiße Leuchtmittel auf Basis von Leuchtdioden ihren Siegeszug und verdrängten aufgrund ihrer Effizienz und Leuchtkraft zunehmend alternative Leuchtmittel wie Glühbirnen und Leuchtröhren.

3.7.1   Infrarot-LED – Baird/Pittmann

Die erste Infrarot-LED wurde von James Robert Baird (geboren am 20. Mai 1931; gestorben am 23. September 2022) und Gary Pittman entwickelt. In ihrem Patent US 3,293,513, das am 8. August 1962 beim Patentamt eingereicht wurde, beschreiben sie ihre Erfindung. Infrarotstrahlung ist Licht mit einer Wellenlänge zwischen 780 nm und 1 mm. Dies entspricht einem Frequenzbereich von 300 GHz bis 400 THz. Der Zusatz „infra" bedeutet unterhalb. Infrarotstrahlung ist daher mit seiner Frequenz unterhalb dem roten Licht angesiedelt, das eine Wellenfrequenz von 462,5 THz bis 400,5 THz aufweist. Infrarotstrahlung ist langwelliger als sichtbares rotes Licht. Grünes Licht weist mit einer Wellenfrequenz von 612,5 THz bis 522,5 THz eine höhere Frequenz auf und blaues Licht ist mit einer Wellenfrequenz von 714,5 THz bis 612,5 THz das mit der höchsten Frequenz und daher auch das energieintensivste Licht. Aus den Farben rot, grün und blau können sämtliche Farben zusammengestellt werden.[6]

Der Hauptanspruch lautet:

> *„1. A semiconductor device comprising (a) a gallium-arsenide body having a pair of opposing parallel faces, (b) said body defining a p-type conductivity region including one of said pair of faces and a contiguous n-type conductivity region including the other of said pair of faces, (c) said p-type and n-type regions defining a p–n junction therebetween, (d) a first non-rectifying electrical contact connected to a major portion of said one of said pair of faces, (e) a second non-rectifying contact connected to a minor portion of said other of said pair of faces, (f) said second contact comprising a plurality of equally spaced, commonly connected metallic members."[7]*

Der Anspruch beschreibt die Struktur der erfindungsgemäßen Leuchtdiode.

Die Abb. 3.14 zeigt in der Fig. 1 einen n-dotierten Bereich 4 und einen stark p-dotieren Bereich 2, die eine Sperrschicht 6 ausbilden. Diese Bereiche 2 und 4 werden von Metallplatten 8 und 10 eingespannt, an die eine Spannung 12 angelegt ist, sodass die freien Elektronen und Leerstellen die Sperrschicht 6 überwinden und rekombinieren können. Durch die Rekombination werden Lichtphotonen im infraroten Bereich erzeugt. Diese Lichtphotonen werden zum einen Teil von dem Material verschluckt und zum anderen Teil können diese Lichtphotonen das Material verlassen, wodurch sich das Leuchten der Diode ergibt.

---

[6] Wikipedia, https://de.wikipedia.org/wiki/Licht, abgerufen am 02.03.2024.

[7] DPMA,   https://depatisnet.dpma.de/DepatisNet/depatisnet?action=pdf&docid=US0000032
93513A, abgerufen am 19.02.2024.

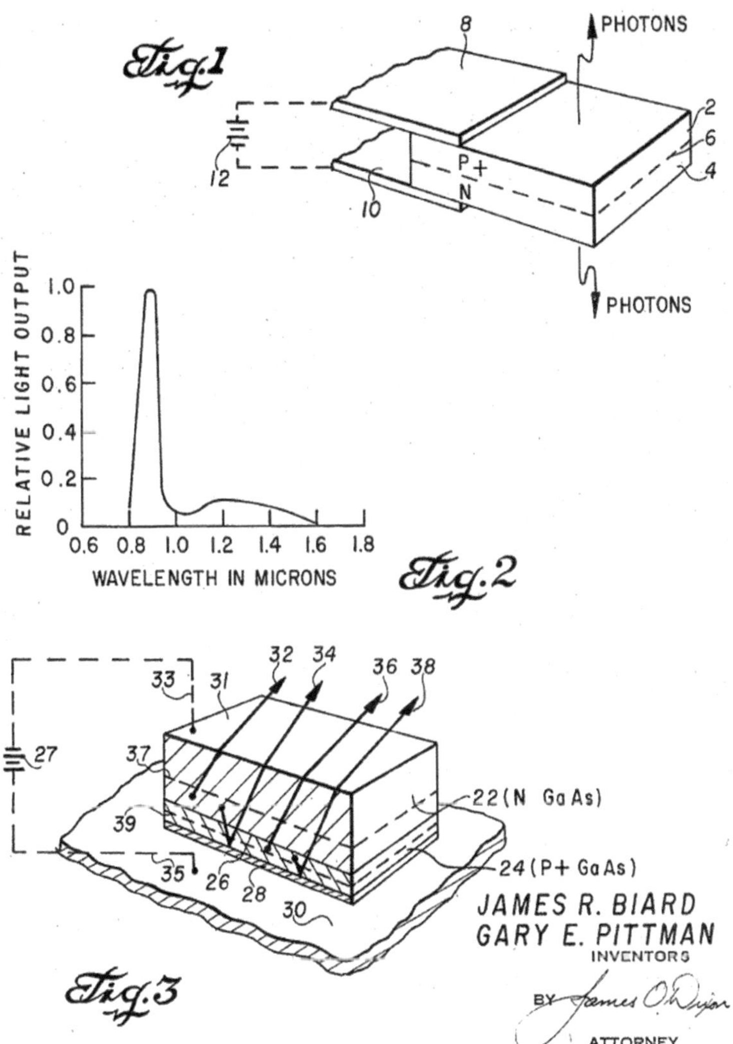

Abb. 3.14 Fig. 1 bis 3 der US3293513

3.7.2 Rote Leuchtdiode – Nick Holonyak Jr.

Nick Holonyak Jr. (geboren am 3. November 1928; gestorben am 18. September 2022) ist der Erfinder der ersten Leuchtdiode, die sichtbares Licht, nämlich die Farbe Rot, erzeugte. Die Farbe Rot weist im sichtbaren elektromagnetischen Spektrum die geringste Frequenz auf. Rote Lichtphotonen haben daher die geringste Photonenenergie des sichtbaren Lichts.

3.7.3 Blaue Leuchtdiode – Isamu Akasaki

Die Erfindung der blauen Leuchtdioden ermöglichte das Herstellen von weißen Lichtquellen aus Leuchtdioden, denn die Kombination von roten und grünen Leuchtdioden, die es bereits seit den 1960-er Jahren gab, in Kombination mit blauen Leuchtdioden ermöglichte das Bereitstellen von weißen Lichtquellen. Mit dem effizienten weißen LED-Licht werden seitdem Leuchtmittel für insbesondere Fahrzeuge und Innenräume von Gebäuden zur Verfügung gestellt. Der japanische Wissenschaftler Isamu Akasaki ist der Erfinder der blauen Leuchtdiode, für die er 2014 den Nobelpreis für Physik erhielt. In seinem Patent US 4855249, das am 8. August 1989 erteilt wurde, beschreibt er seine Erfindung. Blaue Lichtphotonen sind die energiereichsten Photonen des sichtbaren Lichts.

Der Hauptanspruch des Patents lautet:

„1. A process for growing a compound semiconductor wherein an organometallic compound and ammonia gas (NH3) are reacted in hydrogen gas (H_2) or hydrogen gas mixed with nitrogen gas (N_2) to grow epitaxially at least one layer of single crystalline Al_xGa_{1-x} N (0< = x < 1) on a sapphire substrate, said process comprising subjecting the sapphire substrate to a heat treatment of brief duration in an atmosphere comprising at least an Al-containing organometallic compound, NH_3, and H_2 at a temperature lower than the single crystalline AlN growing temperature to deposit a non-single crystalline buffer layer of an AlN compound on the surface of the sapphire substrate and thereafter growing epitaxially at a high temperature said single crystalline $Al_xGa_{1-x}N$ directly on said non-single crystalline buffer layer.“ [8]

Der Anspruch beschreibt das Herstellverfahren für blaue Leuchtdioden.

Die Abb. 3.15 zeigt in der Fig. 1 eine Schnittdarstellung durch eine Leuchtdiode für blaues Licht mit dem Saphirsubstrat 1, auf dem eine n-GaN-Schicht 2 und eine Zn-dotierte i-GaN-Schicht 3 aufgebracht sind. In der Grenzfläche 4 entstehen die blauen Lichtphotonen, nachdem an die Elektroden 5 und 6 eine Spannung angelegt wird. Die Fig. 2 zeigt eine Vorrichtung zum Aufdampfen der Schichten auf das Saphirsubstrat.

---

[8] DPMA,   https://depatisnet.dpma.de/DepatisNet/depatisnet?action=pdf&docid=US0000048 55249A, abgerufen am 19.02.2024.

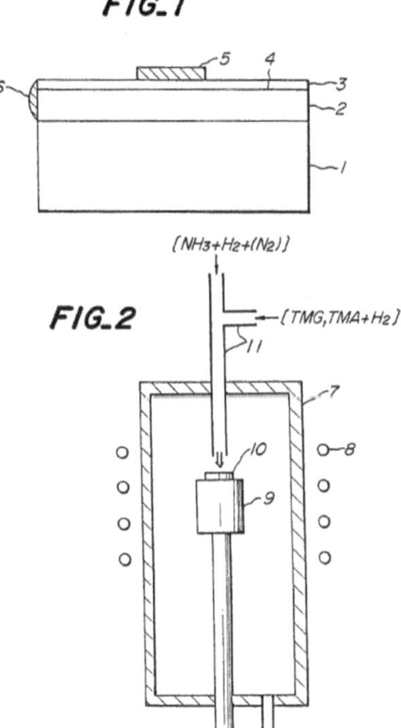

Abb. 3.15 Fig. 1 und 2 der US 4855249

3.8 Halbleiterlaserdiode – Maiman

Der Erfinder des Lasers ist Theodore Harold Maiman, der seine Erfindung in dem Patent DE 1564240 beschreibt. Die Patentschrift wurde am 8. Dezember 1966 beim Patentamt eingereicht.

Die Abb. 3.16 zeigt eine schematische perspektivische Darstellung eines Rubinlasers mit einem Laserstab 10, einer Spule 11 zur Energieübertragung in den Laserstab 10, die von einer Energiequelle 12 gespeist wird, einer linken vollreflektierenden Stirnseite 13 und einer rechten nur teilweise reflektierenden Stirnseite 14. Das Laserlicht 15 kann aus der nur teilweise reflektierenden Stirnseite 14 austreten.[9]

Eine Halbleiterlaserdiode basiert auf dem Prinzip einer Leuchtdiode, da sie ebenfalls durch die Rekombination von Leerstellen und Elektronen in der Sperrschicht Photonen erzeugt. Allerdings werden diese Photonen zu einem kohärenten Licht gebündelt,

---

[9] DPMA, https://depatisnet.dpma.de/DepatisNet/depatisnet?action=pdf&docid=DE0000015642 40A&xxxfull=1, abgerufen am 28.8.2024.

Abb. 3.16 Fig. 1 der
DE1564240

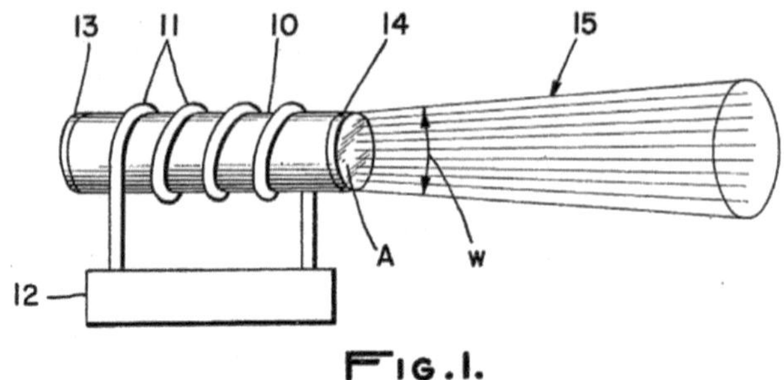

also einem Licht, das ausschließlich Photonen derselben Frequenz umfasst, sodass sich
Laserlicht ergibt.

Transistor

Die Transistoren lösten die bis dahin verwendeten Elektronenröhren ab, da sie sich durch eine kleinere Bauform und höhere Schaltgeschwindigkeiten auszeichneten. Außerdem weisen sie einen geringeren Stromverbrauch auf. Grundsätzlich gibt es insbesondere Bipolartransistoren, Feldeffekttransistoren und Leistungstransistoren.

4.1 Feldeffekttransistor

Beim Feldeffekttransistor (FET) wird ein zu steuernder elektrischer Stromfluss durch ein elektrisches Feld beeinflusst. Im Gegensatz dazu steuert bei einem Bipolartransistor ein kleiner Steuerstrom einen großen Stromfluss durch den Bipolartransistor. Der Steuerstrom wird dabei von dem gesteuerten Stromfluss aufgenommen.

Ein Vorteil der Feldeffekttransistoren ist, dass sie zumindest bei tiefen Frequenzen leistungs- und damit verlustfrei geschaltet werden können. Der am weitesten verbreitete Typ der Feldeffekttransistoren ist der MOSFET.

Ein Metall-Oxid-Halbleiter-Feldeffekttransistor (MOSFET) weist ein isoliertes Gate aus einem Oxid auf. Mit diesem Gate wird der Stromfluss durch den MOSFET gesteuert. Der Stromfluss zwischen den beiden weiteren Anschlüssen Drain und Source kann durch eine Spannung zwischen dem Gate und der Source-Elektrode variiert werden.

Ein MOSFET kann als ein spannungsgesteuerter Widerstand verstanden werden, wobei der Widerstand mit dem Gate eingestellt wird, sodass der Stromfluss vom Drain zur Quelle variiert werden kann

Bei MOSFETs gibt es grundsätzlich Anreicherungs- und Verarmungstypen. Außerdem können noch p-Typen (p-leitend) und n-Typen (n-leitend) unterschieden werden, sodass

T. H. Meitinger, *Elektronik. Hightech in Patenten*,
https://doi.org/10.1007/978-3-662-69755-9_4

es insgesamt vier Grundtypen von MOSFETs gibt. Eine weit verbreitete Variante von integrierten Schaltungen (ICs) sind CMOS (complementary MOS), bei denen p-Typen und n-Typen MOSFETS stets gemeinsam verwendet werden.

Anreicherungs- und Verarmungstypen unterscheiden sich in ihrem Aufbau und ihrer Funktionsweise grundsätzlich. Insbesondere sind Verarmungstypen selbstleitend und Anreicherungstypen selbstsperrend. Im Gegensatz zu einem selbstleitenden MOSFET sperrt ein selbstsperrender MOSFET, falls keine Spannungen anliegen. In der Praxis werden vornehmlich MOSFETS vom Anreicherungstyp, also selbstsperrende Bauteile, verwendet.

Die Abb. 4.1 zeigt beispielhaft einen selbstsperrenden MOSFET vom n-Typ (n-Kanal-MOSFET). In einem schwach p-dotiertem Substrat sind zwei stark n-dotierte Bereiche (N+) angeordnet, die den D- und den S-Anschluss darstellen. Es ergibt sich damit zwischen dem Drain und der Source eine npn-Struktur, ähnlich wie bei einem npn-Bipolartransistor (Abb. 4.1 Darstellung oben).

Über dem Bereich zwischen dem Drain und der Source wird eine Oxidschicht aufgebracht, an der der Anschluss Gate angeordnet wird. Wird an das Gate eine positive Spannung angelegt, werden die Leerstellen des Substrats nach unten gedrängt und es bildet sich ein dünner n-leitender Kanal aus, durch den ein Stromfluss vom Drain zur Source bzw. ein Elektronenfluss von der Source zum Drain ermöglicht wird (Abb. 4.1 Darstellung unten). Die erforderliche Spannung U_{GS} muss über einer spezifischen Schwellenspannung $U_{Schwelle}$ liegen, damit sich der Kanal ausbildet.

4.1.1 Julius Edgar Lilienfeld

Julius Edgar Lilienfeld (geboren am 18. April 1882; gestorben am 28. August 1963) entwickelte das Prinzip eines Feldeffekttransistors. In seinem Patent US 1745175, das am 8. Oktober 1926 beim US-Patentamt eingereicht wurde, beschreibt er seinen Feldeffekttransistor.

Der Hauptanspruch des Patents lautet:

> „1. *The method of controlling the flow of an electric current in an electrically conducting medium of minute thickness, which comprises subjecting the same to an electrostatic influence, to impede the flow of said current by maintaining at an intermediate point in proximity thereto a potential in excess of the particular potential prevailing at that point.*"[1]

In dem Anspruch wird eine Einflussnahme durch ein elektrischen Feld auf einen Stromfluss beschrieben, was dem Grundprinzip eines Feldeffekttransistors entspricht.

---

[1] DPMA,   https://depatisnet.dpma.de/DepatisNet/depatisnet?action=pdf&docid=US0000017451 75A&xxxfull=1, abgerufen am 15.02.2024.

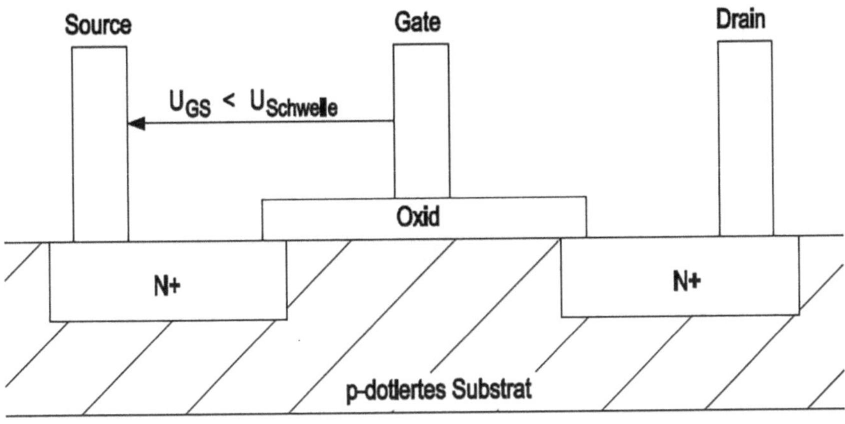

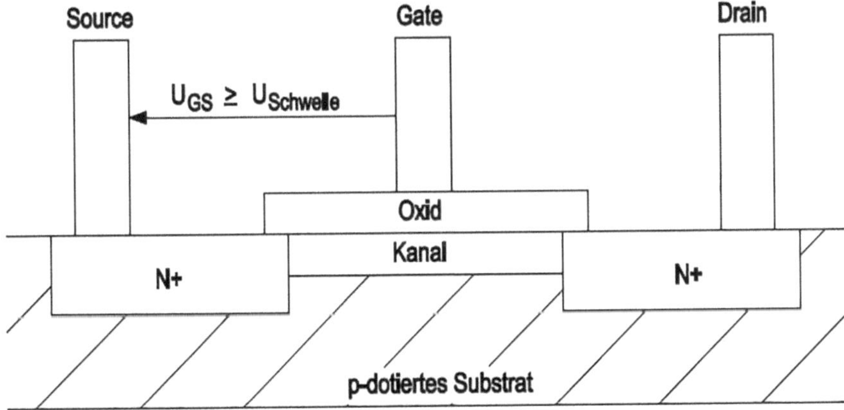

Abb. 4.1 Funktionsprinzip eines MOSFET

Die Abb. 4.2 zeigt ein Substrat 10, wobei auf dem Substrat 10 Elektroden 11 und 12 angeordnet sind. Diese Elektroden 11 und 12 stellen den Drain- bzw. den Source-Anschluss dar. An die Elektroden 11 und 12 wird eine Spannung 17 angelegt. Außerdem ist eine Elektrode 13 angeordnet, die als Gate wirkt und damit den Stromfluss von dem Drain-Anschluss zum Source-Anschluss regelt.

4.1.2 Oskar Heil

Oskar Heil (geboren am 20. März 1908; gestorben am 15. Mai 1994) war an der Entwicklung der modernen Feldeffekttransistoren maßgeblich beteiligt. In seinem Patent GB439457, das am 4. März 1935 beim Patentamt eingereicht wurde, beschreibt er einen

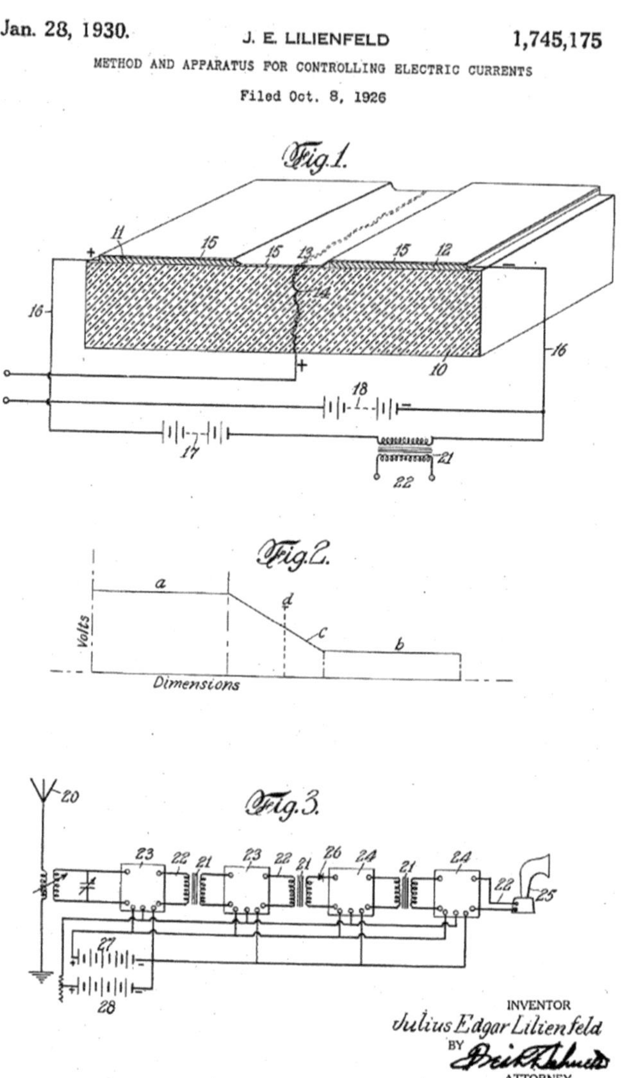

Abb. 4.2 Fig. 1 bis 3 der US1745175

elektrischen Verstärker, bei dem ein Stromfluss durch die Änderung des Widerstands variiert werden kann. Hierzu wird eine Steuerelektrode genutzt, die in elektrostatischer Verbindung mit der betreffenden Halbleiterschicht steht.

Der Hauptanspruch des Patents lautet:

> *„1. An electrical amplifier or other control arrangement or device wherein one or more thin layers of semi-conductor traversed by current is or are varied in resistance in accordance with control voltage applied to one or more control electrodes arranged close to and insulated from said semi-conductor layer or layers so as to be in electrostatic association therewith."*[2]

Der Anspruch beschreibt die Steuerelektrode, die den Widerstand zwischen Drain und Source ändern kann, wobei die Steuerelektrode von dem Drain- und dem Source-Anschluss isoliert angeordnet ist und der Einfluss der Gateelektrode durch elektrostatische Einwirkung erfolgt. Es fließt daher kein Strom durch die Gateelektrode, um den Drain-Source-Widerstand zu verändern. Die Wirkungsweise des Feldeffekttransistors ist daher leistungsfrei (Leistung = Spannung · Stromfluss).

Die Abb. 4.3 zeigt den erfindungsgemäßen Feldeffekttransistor mit einem Halbleiter 3, an dessen Enden Elektroden 1 und 2 angeordnet sind. Die Elektroden 1 und 2 stellen den Drain- bzw. den Source-Anschluss dar. Die Gate-Elektroden 6 sind durch Isoliermaterial 8 von den Elektroden 1 und 2 und dem Halbleiter 3 isoliert.

4.2 Bipolartransistor

Ein Bipolartransistor wird mit einem Strom gesteuert und kann als Schalter oder als Verstärker von Signalen eingesetzt werden. Es gibt Leistungsbipolartransistoren, die speziell zum Schalten und Steuern von hohen Strömen und Spannungen ausgelegt sind.

4.2.1 William Shockley

1947 entwickelten John Bardeen, William Shockley und Walter Houser den ersten praxistauglichen Bipolartransistor, der bis heute der Grundbaustein der Mikroelektronik darstellt. Für diese Pionierarbeit erhielten sie 1956 den Nobelpreis.[3]

Mit einem kleinen Steuerstrom kann bei einem Bipolartransistor ein großer Strom geschaltet werden. Der große Vorteil eines Bipolartransistors als Schalter ist, dass keine mechanischen Elemente erforderlich sind, sodass ein verschleißfreies Schalten ohne Geräuschentwicklung ermöglicht wird. Mit einem Bipolartransistor kann alternativ eine Verstärkung erfolgen, sodass ein schwaches Signal mit geringer Stromstärke und Spannung in ein Signal mit hoher Stromstärke und hoher Spannung gewandelt wird. Ein

---

[2] DPMA,   https://depatisnet.dpma.de/DepatisNet/depatisnet?action=pdf&docid=GB0000004394 57A&xxxfull=1, abgerufen am 15.02.2024.

[3] DPMA,   https://www.dpma.de/dpma/veroeffentlichungen/meilensteine/computer-pioniere/65jahr eintegrierterschaltkreis/index.html, abgerufen am 16.02.2024.

Abb. 4.3 Fig. 1 und 2 der
GB439457A

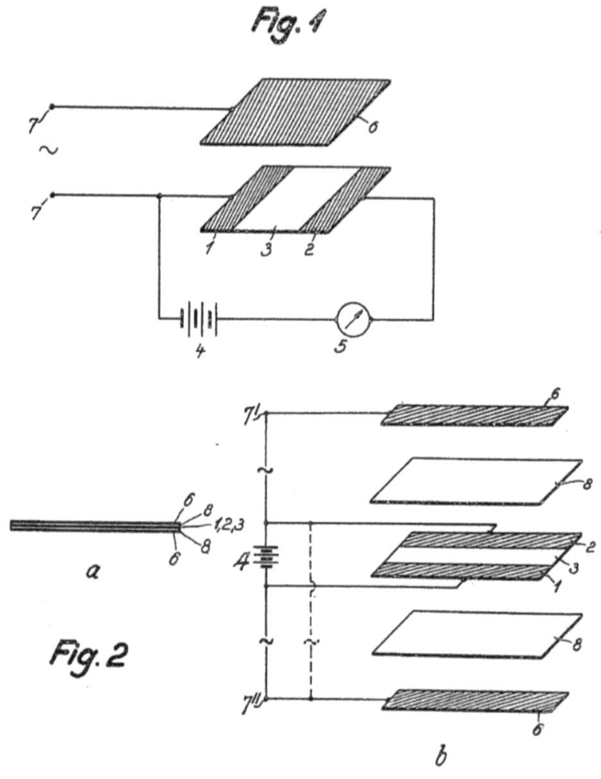

Bipolartransistor besteht im Wesentlichen aus zwei pn-Übergängen, an denen drei Elektroden angeordnet sind. Die drei Elektroden eines Bipolartransistors sind Basis, Kollektor und Emitter. Die Spannung zwischen Basis und Emitter kann verändert werden, um den Strom zwischen Kollektor und Emitter zu schalten (ein/aus) bzw. zu verstärken.

4.2.2   Herbert Mataré

Herbert Mataré und Heinrich Welker entwickelten den ersten europäischen Transistor. In ihrem Patent US 2673948, das am 11. August 1949 beim US-amerikanischen Patentamt eingereicht wurde, wird eine Vorrichtung mit mehreren Elektroden beschrieben, die eine Relaisfunktion erfüllt, also zum Schalten eines Stroms geeignet ist. Die Vorrichtung weist einen Halbleiter mit zwei Zonen auf, wobei eine Zone zweigeteilt ist.

Der Hauptanspruch lautet:

> *„1. Multi-electrode crystal device for producing electronic relay action comprising a semiconductor element having at least two zones of different conductivity characteristics, one of*

Abb. 4.4 Fig. 1 und 2 der US2673948

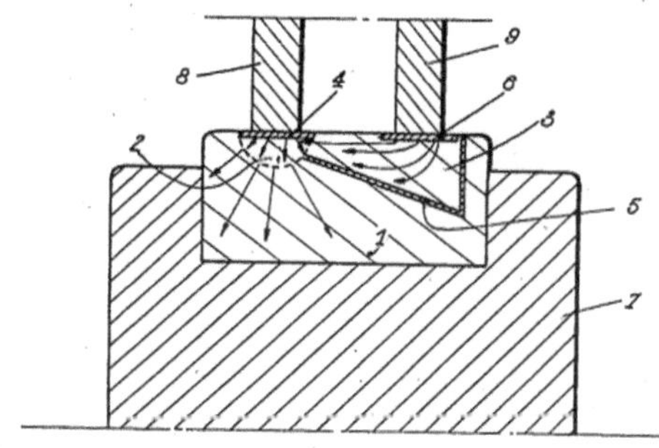

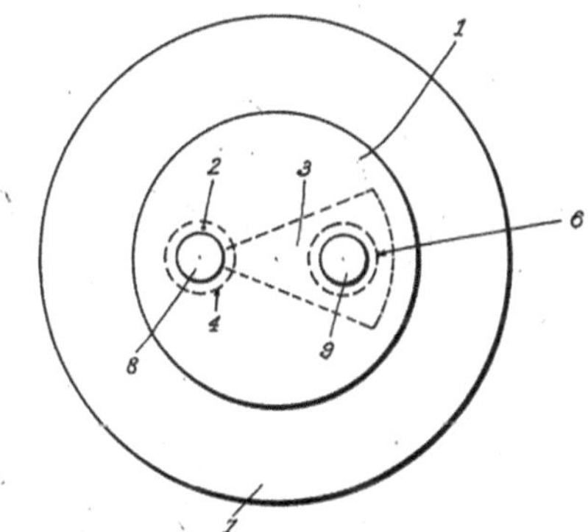

said zones being substantially of ring shape and the other zone comprising two substantially conically shaped portions extending axially from opposite directions along the axis and toward the center of the ring zone; said conical portions joining the ring zone in conical surfaces, said joining surfaces comprising at least one barrier layer, and said conical and ring shaped zones comprising individual metallic electrodes. "[4]

---

[4] DPMA,   https://depatisnet.dpma.de/DepatisNet/depatisnet?action=pdf&docid=US0000026 73948A, abgerufen am 18.02.2024.

Die Abb. 4.4 zeigt in der Fig. 1 eine Schnittdarstellung und in der Fig. 2 eine Draufsicht auf den erfindungsgemäßen Bipolartransistor. In dem Substrat 1 sind zwei Zonen 2 und 3 angeordnet, wobei die Zone 2 vom n-Typ und die Zone 3 vom p-Typ ist. Die Zone 2 weist daher freie Elektronen auf und die Zone 3 Leerstellen. Die Zone 3 stellt die Basiselektrode dar.

Operationsverstärker 5

In der Analogtechnik wird mit wert- und zeitkontinuierlich sich ändernden Strömen und Spannungen gearbeitet. In der Analogtechnik können die Werte der Ströme und Spannungen daher unendlich viele Werte annehmen. Im Gegensatz dazu kann die Digitaltechnik ausschließlich diskrete Größen verarbeiten, also nur Ströme und Spannungen, die genau definierte Werte aufweisen. Die Analogtechnik wurde größtenteils durch die Digitaltechnik ersetzt. Allerdings gibt es immer noch Bereiche der Elektronik, die ohne Analogtechnik nicht auskommen. Diese Bereiche können insbesondere der Hochfrequenztechnik zugeordnet werden.

Bauelemente der Analogtechnik sind insbesondere Operationsverstärker, Filter, Gleichrichter und Mischer. In der Digitaltechnik sind die wesentlichen Bauelemente Logikgatter, Speicherbausteine und Mikroprozessoren. Eine Verbindung zwischen analoger und digitaler Welt kann durch Analog–Digital-Wandler und Digital-Analog-Wandler geschaffen werden. Die Welt der Menschen ist analog, sodass die Eingaben für die digitale Welt und die Ausgaben aus der digitalen Welt jeweils gewandelt werden müssen.

Das Besondere am Operationsverstärker ist seine Verarbeitung von zwei Eingangsspannungen zu einer Ausgangsspannung, wobei nur dann ein konstanter, eingeschwungener Zustand erreicht wird und die Ausgangsspannung konstant bleibt, falls die Differenz der beiden Eingangsspannungen Null ist. Der Operationsverstärker ist ein aktives Bauteil, das bedeutet, dass ein leistungsschwaches Signal in ein leistungsstarkes identisches oder entsprechendes Signal gewandelt werden kann.

Operationsverstärker werden oft mit einer Rückkopplung verwendet. Es gibt zwei Varianten von Rückkopplungen, nämlich die Mitkopplung und die Gegenkopplung. Bei der Gegenkopplung wirkt die Ausgangsgröße einer Änderung der Eingangsgröße entgegen. Bei einer Mitkopplung verstärkt die Ausgangsgröße die Änderung der Eingangsgröße.

© Der/die Autor(en), exklusiv lizenziert an Springer-Verlag GmbH, DE, ein Teil von Springer Nature 2024
T. H. Meitinger, *Elektronik. Hightech in Patenten*,
https://doi.org/10.1007/978-3-662-69755-9_5

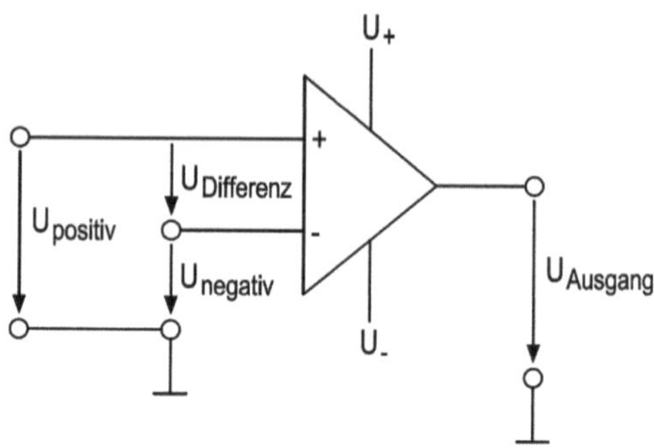

Abb. 5.1 Schaltsymbol eines Operationsverstärkers

Die Abb. 5.1 zeigt das Schaltsymbol eines Operationsverstärkers, das die Funktionsweise des Bauelements veranschaulicht. Der Operationsverstärker weist zwei Eingänge $U_{positiv}$ und $U_{negativ}$ auf. Diese beiden Spannungen werden intern vom Operationsverstärker voneinander subtrahiert und ergeben mit einer Verstärkung die Ausgangsspannung $U_{Ausgang}$. Solange $U_{positiv} - U_{negativ}$ ungleich Null ist, steigt bzw. fällt die Ausgangsspannung $U_{Ausgang}$, da die Verstärkung des Operationsverstärkers sehr hoch ist. Dieser Vorgang läuft weiter bis die Ausgangsspannung $U_{Ausgang}$ die Spannung erreicht, die der Operationsverstärker maximal erzeugen kann (Sättigung). Eine Spannung $U_{Ausgang}$, die nicht einer Sättigungsspannung entspricht, kann daher nur eingestellt werden, falls $U_{positiv} - U_{negativ} =$ Null ist.

5.1 Grundschaltungen mit einem Operationsverstärker

Mit dem Operationsverstärker können auf sehr einfache Weise sehr effektive Schaltungen aufgebaut werden. Mit Operationsverstärkern können Spannungsfolger, invertierende und nicht-invertierende Verstärker, Spannungs-Strom-Wandler, Strom-Spannungs-Wandler, Differenzverstärker, Addierer, Subtrahierer, Integrierer, Differenzierer, Logarithmierer, Potenzierer, Filter und viele weitere Schaltungen aufgebaut werden. Zur Illustration der vielseitigen Verwendbarkeit von Operationsverstärkern werden drei Varianten vorgestellt.

5.1.1 Spannungsfolger

Bei einem Spannungsfolger ist sowohl der Input als auch der Output dieselbe Spannung. (Der Output „folgt" dem Input.) Allerdings wird eine Impedanzwandlung vorgenommen. Der Spannungswandler soll die Eingangsquelle möglichst wenig belasten, also einen nur geringen Strom abverlangen und andererseits am Ausgang eine belastbare Spannung zur Verfügung stellen, das bedeutet, dass auch falls ein großer Strom abverlangt wird, die Spannung nicht zusammenbricht. Ein Spannungsfolger ist daher dazu geeignet mit einer

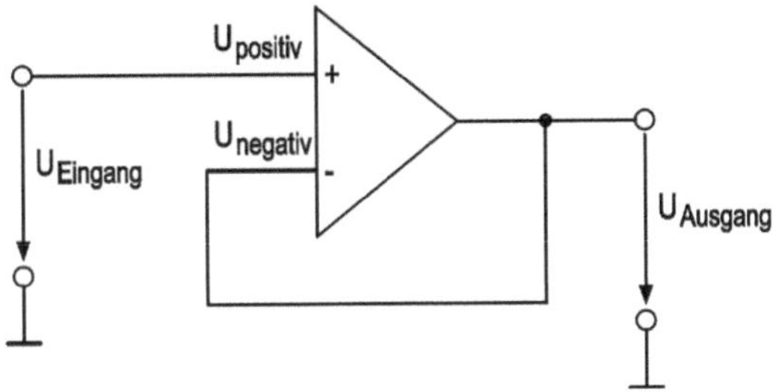

Abb. 5.2 Operationsverstärker als Spannungsfolger

vorgegebenen leistungsschwachen Spannung eine Vielzahl an nachfolgenden Bauteilen, die einen Strom abverlangen, zu steuern.

Die Abb. 5.2 zeigt den Spannungsfolger, bei dem eine Rückkopplung, und zwar eine Gegenkopplung erfolgt, wobei die Spannung $U_{negativ}$ identisch der Spannung $U_{Ausgang}$ geschaltet wird. Der Operationsverstärker ist daher dann im konstanten Zustand, wenn die Spannung $U_{Ausgang}$ identisch der Spannung $U_{Eingang}$ ist, denn in diesem Fall ist die Differenz der Eingangsspannungen des Operationsverstärkers Null. Der wichtige Aspekt beim Spannungswandler ist die Impedanzwandlung, denn eine „schwache" Spannung $U_{Eingang}$, also eine Spannung, die keinen großen Strom liefern kann, wird in eine „leistungsstarke" Spannung $U_{Ausgang}$ gewandelt. Im eingeschwungenen Zustand gilt: $U_{positiv} - U_{negativ} =$ Null mit $U_{positiv} = U_{Eingang}$ und $U_{negativ} = U_{Ausgang}$, woraus folgt: $U_{Eingang} - U_{Ausgang}$ = Null oder: $U_{Eingang} = U_{Ausgang}$.

5.1.2 Verstärker

Die Abb. 5.3 zeigt einen Operationsverstärker als nichtinvertierenden Verstärker. Diese Schaltung ähnelt der des Spannungsfolgers. Würde man den Widerstand R_2 zu Null setzen und den Widerstand R_1 unendlich groß wählen, würde sich ein Spannungsfolger ergeben.

Bei dieser Schaltung wird die Spannung $U_{Ausgang}$ nicht in voller Höhe, sondern nur zu einem Teil rückgekoppelt. Die Spannung $U_{Ausgang}$ wird entsprechend dem Spannungsteiler, der sich aus den Widerständen R_1 und R_2 ergibt, zurückgekoppelt. Die Spannung $U_{Ausgang}$ verteilt sich über den beiden Widerständen entsprechend ihrer Widerstandswerte. Weisen beide Widerstände denselben Wert auf, liegt zwischen ihnen die halbe Spannung $U_{Ausgang}$. Ist R_1 größer als R_2, so ist am Mittelpunkt eine höhere als die halbe Spannung $U_{Ausgang}$. Ist R_2 größer als R_1, so ist am Mittelpunkt eine Spannung, die kleiner ist als die halbe Spannung $U_{Ausgang}$. Am negativen Eingang des Operationsverstärkers liegt daher eine Spannung $U_{negativ} = R_1/(R_1 + R_2) \bullet U_{Ausgang}$. Der Operationsverstärker ist erst in einem Endzustand wenn die Differenzspannung an seinen Eingängen Null ist. Es gilt daher:

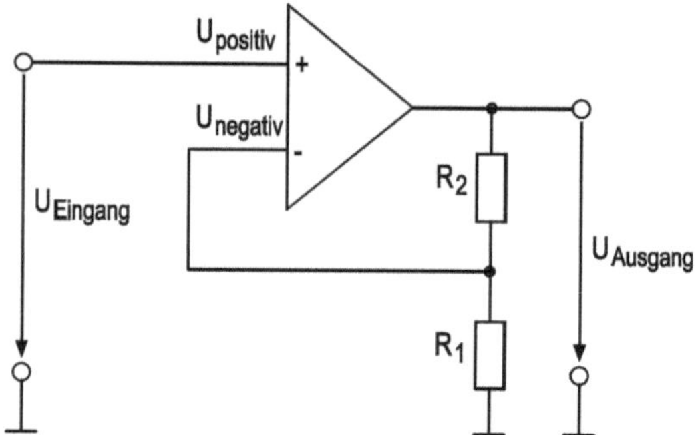

Abb. 5.3 Operationsverstärker als nichtinvertierender Verstärker

$U_{Eingang} - U_{negativ} = 0$ daraus folgt durch Einsetzen von $U_{negativ}$:

$U_{Eingang} - R_1/(R_1 + R_2) \bullet U_{Ausgang} = 0$ bzw.

$R_1/(R_1 + R_2) \bullet U_{Ausgang} = U_{Eingang}$ und als Spannungsverstärkung:

$U_{Ausgang}/U_{Eingang} = (R_1 + R_2)/R_1$

Die Spannungsverstärkung, also der Faktor der mit der Eingangsspannung multipliziert wird, um die Ausgangsspannung zu erhalten, beträgt daher: $(R_1 + R_2)/R_1$. Sind die beiden Widerstände R_1 und R_2 gleich, ergibt sich: $(R_1 + R_2)/R_1 = 2 \bullet R_1/R_1 = 2$. In diesem Fall ist: $U_{Ausgang}/U_{Eingang} = 2$ bzw. $U_{Ausgang} = 2 \bullet U_{Eingang}$.

5.1.3 Spannungs-Strom-Wandler

Die Abb. 5.4 zeigt einen Operationsverstärker, der als Spannungs-Strom-Wandler arbeitet. Mit einer derartigen Schaltung kann ein Strom „eingeprägt" werden, sodass auch bei sich ändernder Last R_{Last} der Strom konstant bleibt. Dies ist immer dann sinnvoll, wenn es wichtig ist, dass durch den Lastwiderstand R_{Last} ein konstanter Strom fließt. Die „Last" kann beispielsweise eine Lampe sein, die nur bei konstantem Strom gleichbleibend leuchtet. Erwärmt sich die Lampe, kann sich ihr Widerstand erhöhen und damit der Strom absinken, da gilt: Strom = Spannung/Widerstand. Damit durch die Lampe ein gleich bleibender Strom fließt, und damit die Leuchtkraft konstant bleibt, sollte der Strom daher „eingeprägt" werden.

Die Spannung, die über dem Widerstand $R_{Messung}$ abfällt ist:

$U_{Messung} = I_{Ausgang} \bullet R_{Messung}$, diese Spannung wird auf den negativen Eingang des Operationsverstärkers rückgekoppelt. Die beiden Eingänge sind im eingeschwungenen Zustand des Operationsverstärkers Null. Es gilt daher:

$U_{Eingang} - I_{Ausgang} \bullet R_{Messung} = $ Null, es folgt daraus:

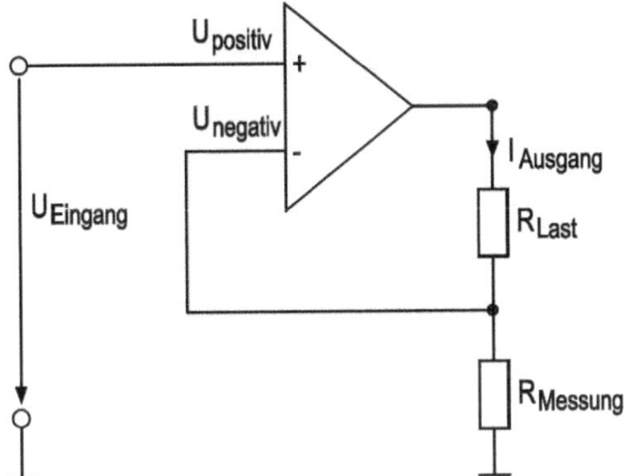

Abb. 5.4 Operationsverstärker als Spannungs-Strom-Wandler

$I_{Ausgang} \bullet R_{Messung} = U_{Eingang}$, nach $I_{Ausgang}$ aufgelöst:

$I_{Ausgang} = U_{Eingang} / R_{Messung}$

In der Formel des Stroms $I_{Ausgang}$ erscheint der Lastwiderstand R_{Last} nicht, sodass der Strom $I_{Ausgang}$ unabhängig von einer Änderung der Last von dem Operationsverstärker konstant gehalten wird.

5.2 Harold Stephen Black

Harold Stephen Black (geboren am 14. April 1898; gestorben am 11. Dezember 1983) ist ein wesentlicher Wegbereiter der Entwicklung des Operationsverstärkers. Black gilt als der Erfinder des gegengekoppelten Verstärkers. In seinem Patent US 2,102,671, das am 22. April 1932 beim Patentamt eingereicht wurde, beschreibt er seine Erfindung.

Der Hauptanspruch lautet:

„1. In a wave translating device or system having amplifying properties, an input portion and an output portion, means to apply fundamental waves to said input portion, said system carrying fundamental components in said output portion and having means producing other wave components in said output portion, and means controlling the relative magnitudes of said components in said output portion comprising means to feed waves from said output portion to said input portion to decrease the gain of the system."[1]

---

[1] DPMA,   https://depatisnet.dpma.de/DepatisNet/depatisnet?action=pdf&docid=US0000021026 71A&xxxfull=1, abgerufen am 26.02.2024.

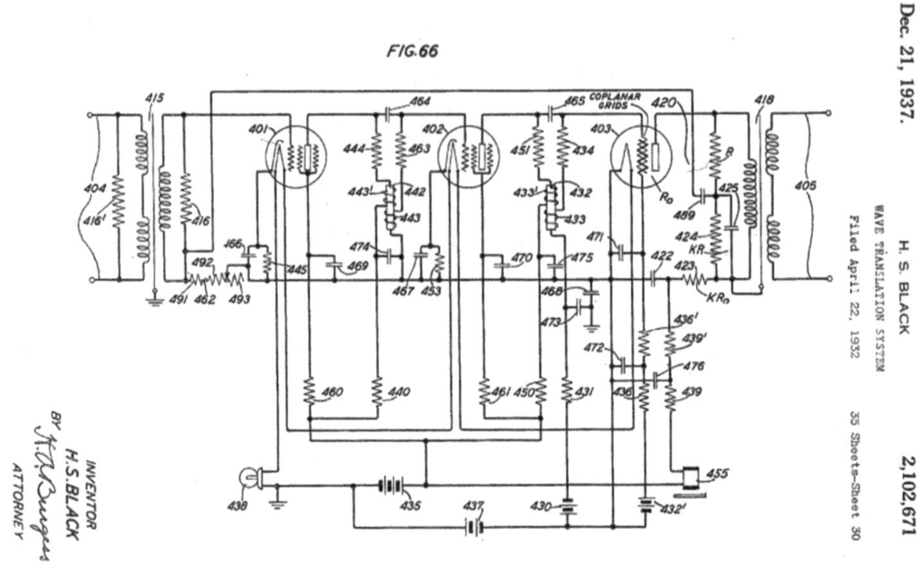

Abb. 5.5 Fig. 66 der US2102671

In dem Anspruch wird von einer „Einrichtung zum Zuführen von Wellen von dem
Ausgangsabschnitt zu dem Eingangsabschnitt, um die Verstärkung des Systems zu
verringern," gesprochen. Eine derartige Einrichtung entspricht einer Gegenkopplung.

Die Abb. 5.5 zeigt einen Verstärker gemäß der Erfindung von Harold Stephen Black mit
einer negativen Rückkopplung. In dieser Darstellung sind drei Elektronenröhren 401, 402
und 403 angeordnet, die am Eingang 404 vorhandene Signale am Ausgang 405 verstärkt
zur Verfügung stellen. Eine Rückkopplung findet insbesondere durch die Leitung 420 vom
Ausgang zum Eingang statt, wodurch der Strom durch den Widerstand 462 beeinflusst
werden kann.

5.3   Karl D. Swartzel Jr.

Karl D. Swartzel Jr. (geboren am 19. Juni 1907; gestorben am 23. April 1998) ist ein
Pionier der Operationsverstärker-Technologie. In seinem Patent US 2401779 A, das er
am 1. Mai 1941 beim Patentamt eingereicht hat, beschreibt er seine Erfindung, die er
damals „summing amplifier" nannte.

Der Hauptanspruch des Patents lautet:

*„1. In combination, a plurality of voltage sources, a plurality of high impedances respectively
in serial relationship with said sources, an amplifying device having an input and an output*

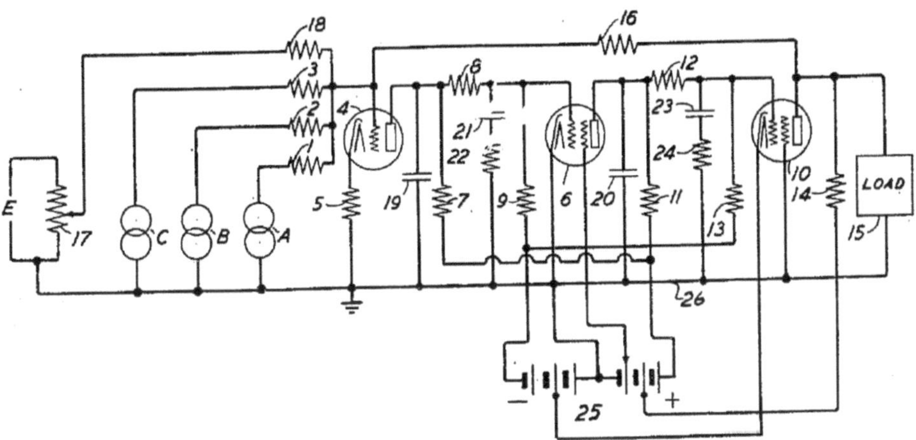

Abb. 5.6   Figur der US2401779

*circuit, said sources and impedances being connected in parallel relationship to said input
circuit, a load impedance in said output circuit, and means for feeding back energy from said
output circuit to said input circuit to make the impedance of said input circuit small compared
to said input impedances and the over-all gain of said amplifier substantially unity.* "[2]

In dem Anspruch wird beschrieben, dass eine Kombination von Spannungsquellen vorhanden ist, wobei diese als Widerstände mit Stromquellen aufgebaut sind, die parallel zueinander verschaltet sind. Außerdem erfolgt ein Rückkoppeln von Energie, also insbesondere einem Strom, von dem Ausgangsschaltkreis zum Eingangsschaltkreis, um eine gleichbleibende Verstärkung sicherzustellen.

Die Abb. 5.6 zeigt die erfindungsgemäße Schaltung mit drei Spannungen, die addiert werden. Diese Spannungen ergeben sich durch die Widerstände 1, 2 und 3, die von Stromquellen A, B und C durchflossen werden, und damit gemäß der Formel Spannung = Strom • Widerstand die jeweils zu addierende Spannung ergeben. Außerdem wird mit dem Widerstand 16 eine Rückkopplung von der Ausgangs-Elektronenröhre 10 zur Eingangs-Elektronenröhre 4 bewerkstelligt.

---

[2] DPMA,   https://depatisnet.dpma.de/DepatisNet/depatisnet?action=pdf&docid=US0000024
01779A, abgerufen am 24.02.2024.

5.4   David Nelson

David Nelson ist der Erfinder des stromgegengekoppelten Operationsverstärkers. Sein Patent US 4,502,020 A, das am 26. Februar 1985 erteilt wurde, hat den Titel „Settling time reduction in wide-band direct-coupled transistor amplifiers" (Deutsch: Verkürzung der Einschwingzeit in breitbandigen direktgekoppelten Transistorverstärkern).

Der Hauptanspruch lautet:

„1. A wide-band, variable gain, differential input, DC-coupled amplifier employing current feedback to enhance the settling time characteristic of the amplifier, the amplifier comprising:

a first pair of transistors each having emitter, base, and collector electrodes, said first pair of transistors being connected to receive a first input signal;

a second pair of transistors connected to said first pair of transistors, each of said second pair of transistors having emitter, base, and collector electrodes, and being further connected in a command emitter configuration;

inverting gain means having a high input impedance, a high output impedance, and an inverting voltage gain, said inverting gain means having a pair of inputs connected to the collector electrodes of said second pair of transistors;

unity gain means having a high input impedance and a low output impedance, said unity gain means having an input connected to an output of said inverting gain means;

first resistor means connected between an output of said unity gain means and the common emitter electrodes of said second pair of transistors to provide a feedback path therebetween; and

second resistor means connected between the common emitter electrodes of said second pair of transistors and a second input signal. "[3]

In dem Anspruch wird ein gleichstromgekoppelter Verstärker mit einem Differenzeingang, der mit einer Stromrückkopplung geschaltet ist, beschrieben.

In der Abb. 5.7 wird oben eine Schaltung des Stands der Technik gezeigt, deren Eingang durch Transistoren Q0 und Q1 realisiert wird. In der Schaltung unten werden im Gegensatz zur Schaltung des Stands der Technik die Emitterströme des Q0 Transistorpaars von einer Bias-Control-Schaltung zur Verfügung gestellt. Hierdurch ergibt sich eine Verbesserung des Verstärkers, da der Verstärker jetzt in einer Stromrückkopplung und nicht mit einer Spannungsrückkopplung betrieben wird.

---

[3] DPMA,   https://depatisnet.dpma.de/DepatisNet/depatisnet?action=pdf&docid=US0000045
02020A, abgerufen am 24.02.2024.

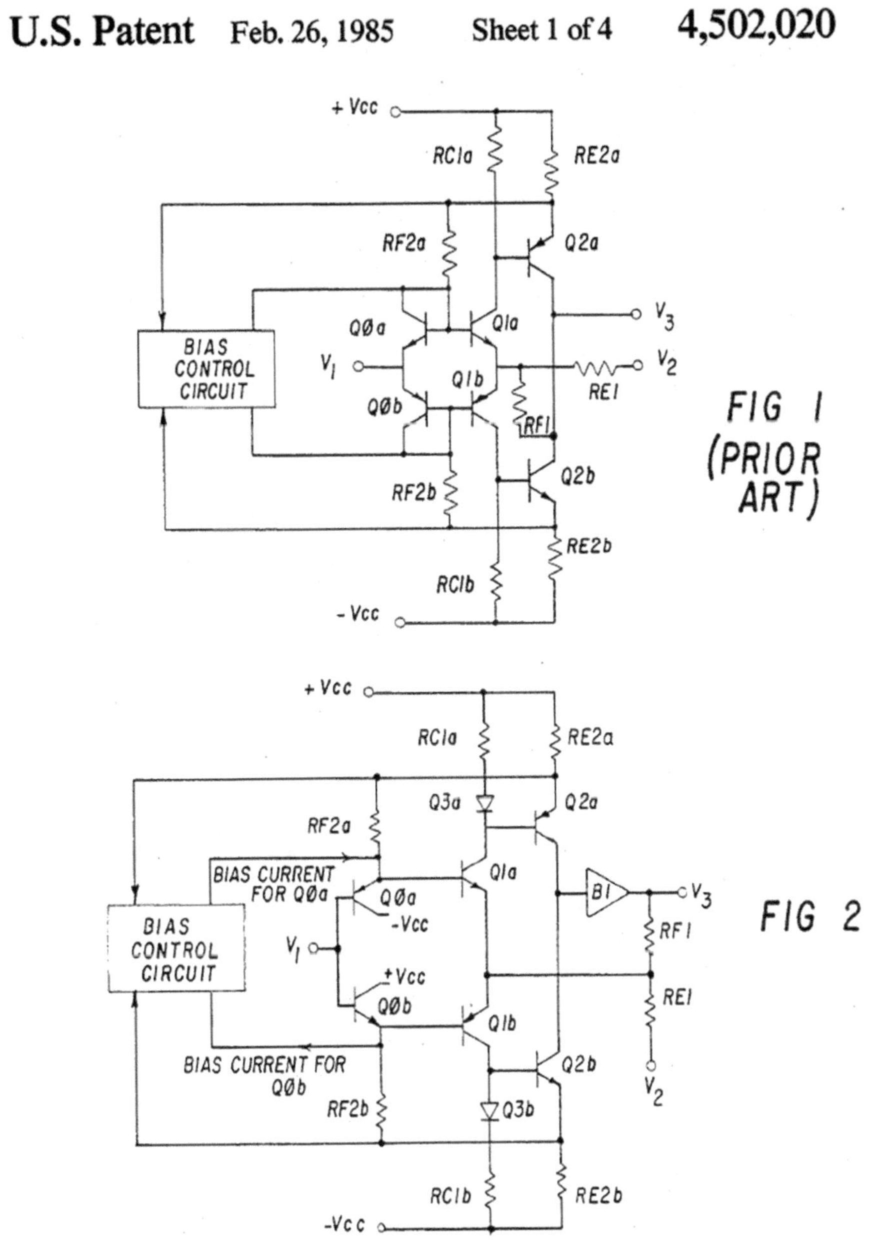

Abb. 5.7 Fig. 1 und 2 der US4502020

Digitaltechnik 6

Die Digitaltechnik stellt die gegenteilige Welt zur Analogtechnik dar. In der Digitaltechnik gibt es nur digitale Signale, das bedeutet, dass ausschließlich zeit- und wertdiskrete Signale verarbeitet werden. Eine Verbindung zur analogen Welt, die die Welt darstellt, in der die Menschen leben, kann durch Analog-Digital-Konverter bzw. Digital-Analog-Konverter geschaffen werden.

6.1 Transistor-Transistor-Logik – James L. Buie

Bei der Transistor-Transistor-Logik (TTL) werden npn-Bipolartransistoren zum Aufbau von logischen Schaltungen, auch als Gatter bezeichnet, verwendet. Die TTL-Technik wurde von James L. Buie (geboren 1920; gestorben am 25. September 1988) entwickelt. In seinem Patent US 3,283,170, das am 1. November 1966 erteilt wurde, beschreibt er seine Entwicklung.

Bei der Transistor-Transistor-Logik werden die Transistoren stets derart zusammengeschaltet, dass nur zwei Zustände möglich sind, die als „0" und „1" bezeichnet werden. TTL spielt daher für die Digitaltechnik, die nur zwei Zustände kennt, eine wichtige Rolle. TTL zeichnet sich durch eine hohe Schaltgeschwindigkeit und Störungsresistenz aus. Allerdings ist es bei TTL, im Gegensatz zur alternativen CMOS-Technologie, erforderlich, dass Ströme fließen, wodurch sich als ein Nachteil ein hoher Stromverbrauch und Erwärmung der betreffenden Bauteile ergibt. Bei einer hohen Packungsdichte der Bauteile wurde daher die TTL-Technologie durch die nachfolgende CMOS-Technologie verdrängt. In Mikroprozessoren und Speicherchips sind mittlerweile zumeist CMOS-Bauteile vorzufinden.

T. H. Meitinger, *Elektronik. Hightech in Patenten*,
https://doi.org/10.1007/978-3-662-69755-9_6

Tab. 6.1 Wahrheitstabelle des NOT-Gatters

Funktion	Eingang	Ausgang
	Basis	Kollektor
NOT-Gatter	0	1
	1	0

Mit der TTL-Technologie können beispielsweise OR-Gatter, And-Gatter, Not-Gatter, Nand-Gatter (Not-And-Gatter) und Nor-Gatter (Not-Or-Gatter) realisiert werden. Nand-Gatter können insbesondere durch die Kombination eines And- mit einem Not-Gatter und ein Nor-Gatter durch die gemeinsame Verwendung eines Or- mit einem Not-Gatter aufgebaut werden.

Die Tab. 6.1 stellt die Beziehung des Eingangs zum Ausgang dar. Der Eingang ist bei einem Not-Gatter (Nicht-Gatter) zu invertieren. Aus einer „0" wird eine „1" und andersherum.

Die Abb. 6.1 zeigt die Realisierung eines Not-Gatters mit zwei Widerständen und einem Transistor. Liegt an der Basis eine positive Spannung $U_{Eingang}$, was als „1" gedeutet werden kann, schaltet der Transistor durch und an seinem Kollektor liegt eine sehr niedrige Spannung $U_{Ausgang}$, was als „0" aufgefasst werden kann. Liegt andererseits an der Basis eine kleine Spannung $U_{Eingang}$ („0"), schaltet der Transistor nicht durch und ist hochohmig. In diesem Fall liegt am Kollektor eine hohe Spannung $U_{Ausgang}$ („1").

Die Tab. 6.2 zeigt die Wahrheitstabelle eines OR-Gatters, das zwei Eingänge aufweist. Der Ausgang des OR-Gatters ist nur „0", falls beide Eingänge „0" sind. Ansonsten wird der Eingang auf „1" gesetzt.

Die Abb. 6.2 zeigt eine Realisierung eines OR-Gatters mit drei Widerständen und zwei Transistoren. Liegt an einem der Eingänge eine positive Spannung $U_{Eingang1}$ oder $U_{Eingang2}$ an, was als „1" gedeutet werden kann, so wird der Transistor1 oder der Transistor2 durchgeschaltet und die Spannung +V liegt an dem Ausgang Emitter $U_{Ausgang}$.

Abb. 6.1 NOT-Gatter

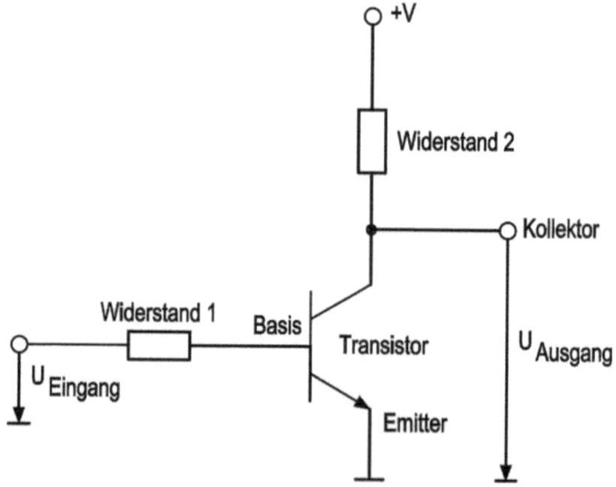

Tab. 6.2 Wahrheitstabelle des OR-Gatters

Funktion	Eingänge		Ausgang
	Basis1	Basis2	Emitter
OR-Gatter	0	0	0
	0	1	1
	1	0	1
	1	1	1

Dasselbe gilt, falls an beiden Eingängen eine positive Spannung $U_{Eingang1}$ und $U_{Eingang2}$ anliegt. Nur im Fall, dass an beiden Eingängen keine Spannung anliegt (jeweils „0") und deswegen keiner der Transistoren durchgeschaltet ist, liegt am Ausgang eine niedrige Spannung $U_{Ausgang}$ an, was als „0" angesehen werden kann.

Die Tab. 6.3 ist die Wahrheitstabelle eines AND-Gatters mit zwei Eingängen, wobei der Ausgang nur „1" ist, falls beide Eingänge „1" sind. In allen anderen Fällen wird dem Ausgang der Wert „0" zugewiesen.

Die Abb. 6.3 zeigt die Realisierung eines AND-Gatters, wobei nur in dem Fall, wenn beide Eingänge Basis1 und Basis2 eine positive Spannung $U_{Eingang1}$ und $U_{Eingang2}$ aufweisen, eine hohe Spannung $U_{Ausgang}$ am Ausgang Emitter anliegt. Liegt nur an einem

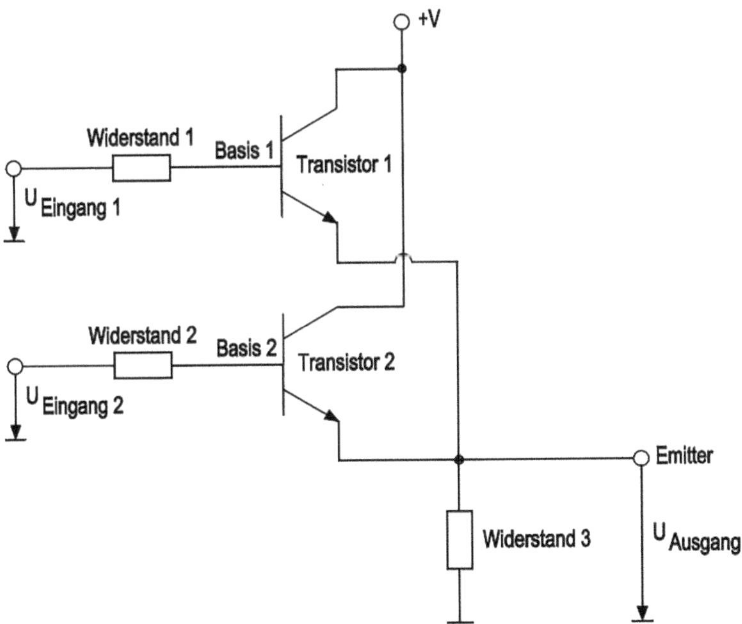

Abb. 6.2 OR-Gatter

Tab. 6.3 Wahrheitstabelle des AND-Gatters

Funktion	Eingänge		Ausgang
	Basis1	Basis2	Emitter
AND-Gatter	0	0	0
	0	1	0
	1	0	0
	1	1	1

Eingang eine niedrige Spannung an, ist zumindest ein Transistor gesperrt und am Ausgang Emitter liegt ebenfalls eine niedrige Spannung $U_{Ausgang}$.

Die Abb. 6.4 zeigt in den Figuren 7 und 8 zwei Varianten von Schaltungen, die zur gleichen Wahrheitstabelle führen. Es gibt daher immer mehrere Alternativen der Realisierung. Die unteren beiden Figuren 9 und 10 der Abb. 6.4 zeigen ebenfalls Schaltungen, die zur gleichen Wahrheitstabelle führen, wobei jedoch die Gatterlaufzeit bei der Figur 9 doppelt so hoch ist, nämlich 20 Nanosekunden, im Vergleich zur Schaltung der Figur 10.

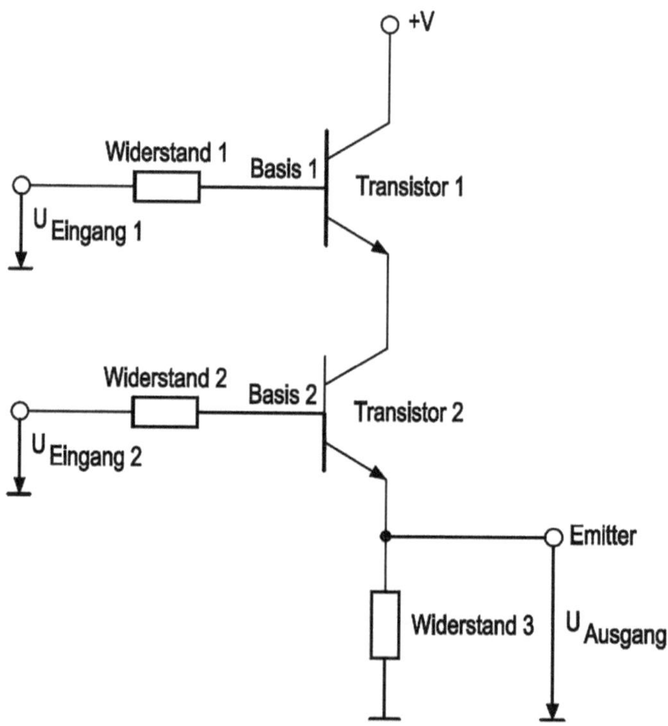

Abb. 6.3 AND-Gatter

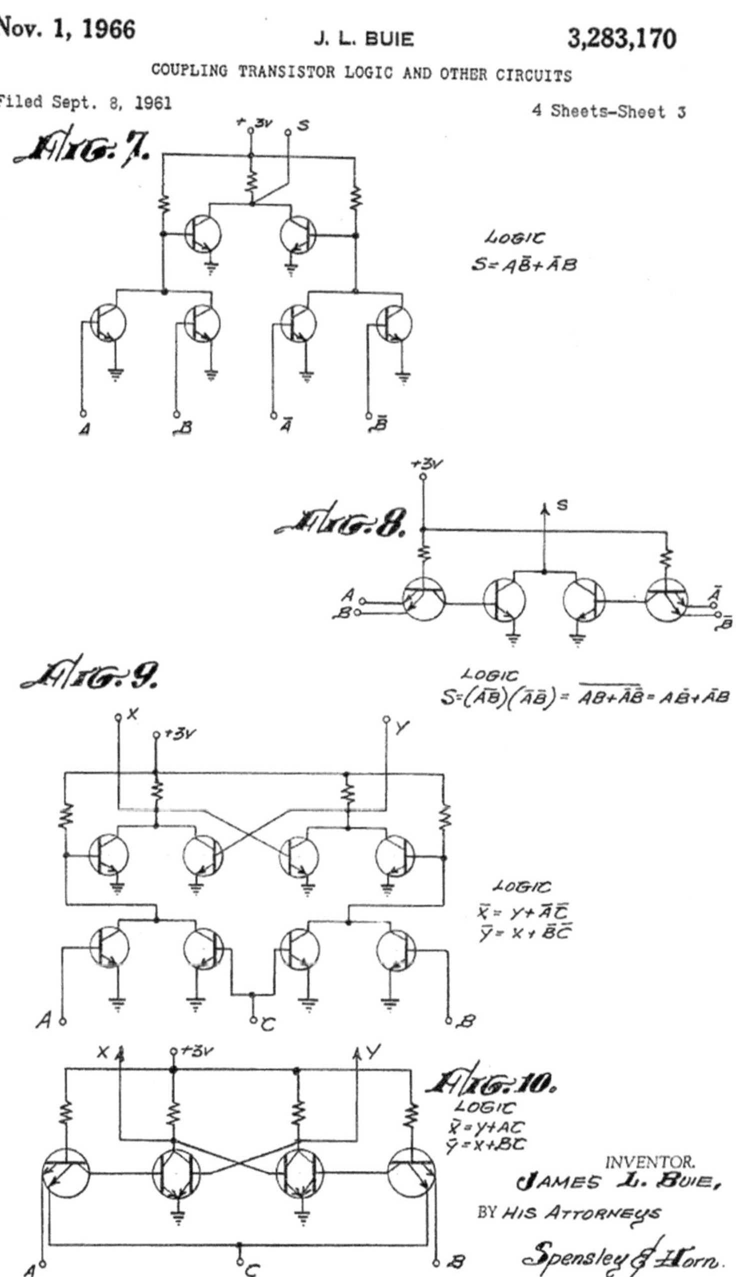

Abb. 6.4 Fig. 7 bis 10 der US3283170

Tab. 6.4 Wahrheitstabelle des NOR-Gatters

Funktion	Eingänge		Ausgang
	Basis1	Basis2	Emitter
NOR-Gatter	0	0	1
	0	1	0
	1	0	0
	1	1	0

6.2 Flip-Flop – Eccles/Jordan

William Henry Eccles (geboren am 23. August 1875; gestorben am 29. April 1966) und Frank Wilfred Jordan (geboren am 6. Oktober 1881; gestorben am 12. Januar 1941) sind die Erfinder der Flip-Flop-Schaltung, durch die ein Ein-Bit-Speicher realisiert werden kann, der ein Grundbaustein der statischen Speicher eines Computers darstellt. In ihrem Patent GB 148582, das am 21. Juni 1918 beim Patentamt eingereicht wurde, beschreiben sie ihre Erfindung. Das Flip-Flop wird alternativ als bistabiles Kippglied bezeichnet.

Der Hauptanspruch des Dokuments GB 148582 lautet:

> *„1. A method of relaying or enhancing an electrical action or stimulus communicated to the control electrode of an ionic tube or valve by connecting together electrically a pair or an even number of iconic valves or three-electrode tubes with intervening resistances and with return conductive connection from the last to the first to obtain by retroaction or by a chain of electrical reactions a strengthening of the initial stimulus."*[1]

Der Anspruch spricht von einem elektrischen Impuls an einer Vorrichtung, wobei die Vorrichtung in einer Weise aufgebaut ist, dass dieser elektrische Impuls verstärkt wird. Durch die Verstärkung kann ein stabiler Zustand erreicht werden. Nimmt man zwei Eingänge für elektrische Impulse können zwei stabile Zustände realisiert werden, wodurch sich das bistabile Kippglied ergibt.

Ein Flip-Flop kann beispielsweise mit zwei NOR-Gattern aufgebaut werden. Die Tab. 6.4 zeigt die Wahrheitstabelle eines NOR-Gatters. Der Ausgang des NOR-Gatters ist nur „1", falls beide Eingänge „0" sind. Ansonsten wird der Eingang auf „0" gesetzt.

Die Abb. 6.5 zeigt ein bistabiles Kippglied, das mit zwei NOR-Gattern aufgebaut ist. Das Flip-Flop hat zwei Eingänge Set und Reset. Ist der Set-Eingang „1" und der Reset-Eingang „0" wird das Flip-Flop „gesetzt" und der Ausgang$_{positiv}$ ist „1" und der Ausgang$_{negativ}$ ist „0". Ist der Set-Eingang „0" und der Reset-Eingang „1" wird der Ausgang$_{positiv}$ zu „0" gesetzt und der Ausgang$_{negativ}$ zu „1" gesetzt. Sind beide Eingänge „0", so bleibt der aktuelle Zustand der Ausgänge erhalten.

---

[1] DPMA,   https://depatisnet.dpma.de/DepatisNet/depatisnet?action=pdf&docid=GB0000001 48582A, abgerufen am 15.03.2024.

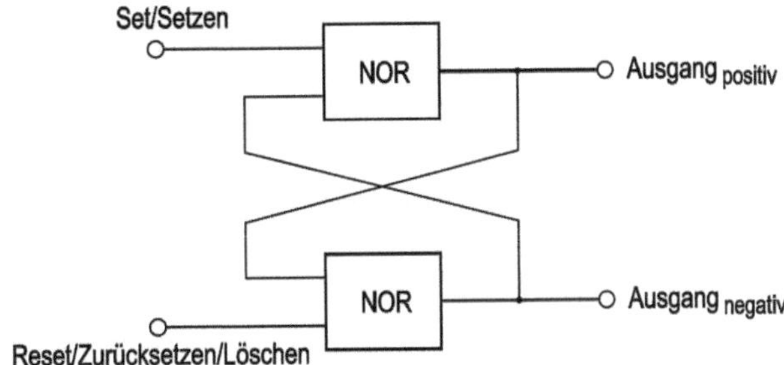

Abb. 6.5 Flip-Flop aus NOR-Gattern

Mit einem Flipflop kann daher ein Speicher realisiert werden, wobei mit dem Set-Eingang eine „1" gesetzt werden kann und mit dem Reset-Eingang ein Löschen des Ausgangs erfolgt. Die Wahrheitstabelle des Flip-Flop ist in der Tab. 6.5 dargestellt.

Die Abb. 6.6 zeigt einen Aufbau eines Flip-Flops mit Röhren, wobei über den Gitterstromkreis 5 ein Setzen-Signal eingebracht wird. Hierdurch wird ein Sinken des Plattenstroms der zweiten Röhre bewirkt, wodurch sich eine Verstärkung des Gitterstroms 5 ergibt. Ein „Setzen" erfolgte.

Tab. 6.5 Wahrheitstabelle eines Flip-Flops

Funktion	Eingänge		Ausgänge	
	Set	Reset	$Ausgang_{positv}$	$Ausgang_{negativ}$
Flip-Flop	0	0	Speicher	Speicher
	0	1	0	1
	1	0	1	0
	1	1	Nicht erlaubt	Nicht erlaubt

Abb. 6.6 Fig. 1 der GB 148582

6.3   CMOS-Technik – Frank Marion Wanlass

Frank Marion Wanlass (geboren am 17. Mai 1933; gestorben am 9. September 2010) ist der Erfinder der CMOS-Technik, die elektronische Bauteile ermöglichte, die einen erheblich geringeren Stromverbrauch im Vergleich zu Bipolartransistoren aufweisen. In integrierten Schaltkreisen wird mittlerweile vorwiegend die CMOS-Technik verwendet, denn sie ermöglicht durch die geringe Wärmeentwicklung eine hohe Packungsdichte.

Die CMOS-Technik basiert auf der kombinierten Verwendung von p-Kanal- und n-Kanal-Feldeffekttransistoren, die in einer Schaltung stets gemeinsam verwendet werden. Das Besondere an der CMOS-Technologie ist daher, dass in jedem Strompfad stets zwei komplementäre Transistoren verwendet werden, sodass immer ein Bauteil im Sperrzustand ist, wodurch ein Stromfluss in einem eingeschwungenen Betriebszustand ausgeschlossen ist. Hierdurch erklärt sich der sehr niedrige Stromverbrauch der CMOS-Technologie.

In seinem Patent US 3,356,858 beschreibt er seine Erfindung. Der Hauptanspruch der Patentschrift lautet:

> *„1. A combinational switching circuit comprising a first semiconductor body of one conductivity type with a plurality of spaced diffused regions of a conductivity type opposite to said body and forming PN junctions therewith extending to a surface of said body, a first pair of source and drain electrodes on said body adjacent two of said diffused regions at said surface, a first insulating layer on said surface of said body between said drain and source electrodes, a first gate electrode adjacent said first insulating layer, a pair of spaced diffused regions of said one conductivity type formed within a third one of said plurality of spaced diffused regions and forming PN junctions with said third diffused region extending to said surface, a second pair of source and drain electrodes on said pair of spaced diffused regions, a second insulating layer on the surface of said third diffused region between said second pair of source and drain electrodes, a second gate electrode on said second insulating layer, means for applying biasing potentials of the same polarity to both of said gate electrodes.“*[2]

In dem Anspruch wird insbesondere der konkrete Aufbau eines CMOS-Bauteils beschrieben.

Die Abb. 6.7 zeigt einen Inverter, der mit CMOS-Technologie aufgebaut ist. Ein Inverter ist ein NOT-Gatter, bei dem eine „0“ (beispielsweise niedrige Spannung) in eine „1“ (beispielsweise hohe Spannung) und andersherum gewandelt wird. Die Schaltung besteht aus den MOSFETs 10 und 30, wobei stets einer leitend und der andere gesperrt ist. Bei einer positiven Spannung Vi schaltet der MOSFET 10 durch und der MOSFET 30 ist gesperrt, sodass die Spannung Vo niedrig ist. Liegt an der Elektrode 55 eine niedrige Spannung Vi an, sperrt der MOSFET 10 und der MOSFET 30 ist leitend, sodass die

---

[2] DPMA,   https://depatisnet.dpma.de/DepatisNet/depatisnet?action=pdf&docid=US0000033 56858A, abgerufen am 21.02.2024.

Abb. 6.7 Fig. 5 der
US3356858

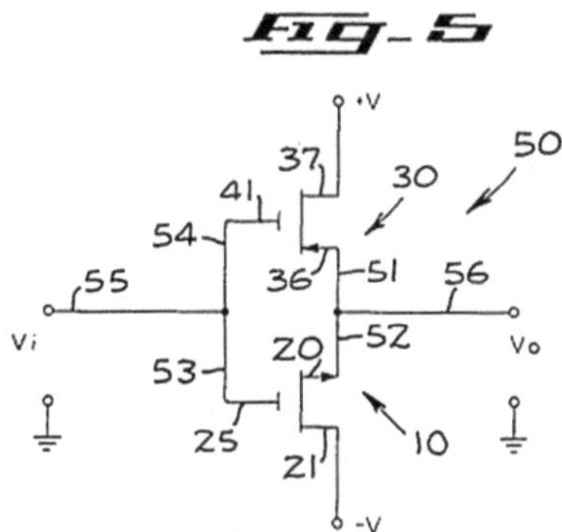

Spannung Vo hoch ist. Der Inverter der Abb. 6.7 wandelt daher eine große Spannung in
eine kleine Spannung und umgekehrt.

Bildsensor 7

Mit einem Bildsensor werden zweidimensionale Bilder insbesondere auf elektrischem Wege erstellt. Hierzu werden in aller Regel Bildsensoren, die als Halbleiter aufgebaut sind, eingesetzt.

7.1 Bildsensor als Matrix

Der erste Bildsensor war ein flächiger Matrixsensor, der aus einer Matrix von Photodioden aufgebaut war, die mit Speicherkondensatoren verbunden waren. Das Patent US 3,540,011 A, das am 6. September 1968 eingereicht wurde, beschreibt den erfindungsgemäßen Sensor.

Die Abb. 7.1 zeigt den grundsätzlichen Aufbau des Matrixsensors mit Photodioden 10 und Kondensatoren 11. Die Ladungen, die sich durch Lichteinstrahlung in diesen Bauteilen ergeben, werden nach einer bestimmten Reihenfolge abgerufen. Hierdurch kann eine flächige Bildauswertung vorgenommen werden.

Die Abb. 7.2 zeigt eine erfindungsgemäße Halbleiterstruktur mit n- und p-Bereichen, durch die die Fotodioden realisiert werden.

Die Abb. 7.3 stellt eine Schnittdarstellung der erfindungsgemäßen Struktur der Abb. 7.2 dar.[1]

---

[1] DPMA, https://depatisnet.dpma.de/DepatisNet/depatisnet?action=pdf&docid=US0000035400 11A&xxxfull=1, abgerufen am 28.8.2024.

T. H. Meitinger, *Elektronik. Hightech in Patenten*, https://doi.org/10.1007/978-3-662-69755-9_7

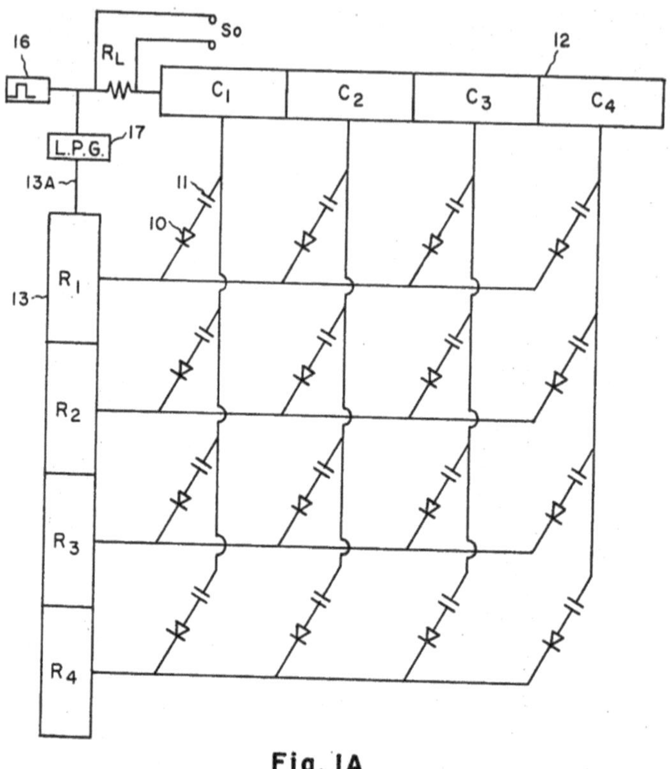

Fig. 1A

Abb. 7.1 Fig. 1A der US3540011A

7.2   Charge-Coupled Device (CCD) – George Elwood Smith

George Elwood Smith (geboren am 10. Mai 1930) ist der Erfinder des Charge-Coupled Device (CCD-Sensor). In seinem Patent DE 2262047 C2, das am 19. Dezember 1972 beim Patentamt eingereicht wurde, beschreibt er seinen „Ladungsübertragungs-Bildwandler". Das Besondere an der Erfindung ist, dass keine Elektronenstrahlabtastung, sondern eine Abtastung von Halbleiter-Bauteilen erfolgt. Hierdurch wurden kleine und kostengünstige Kameras ermöglicht.

Die Abb. 7.4 illustriert die erfinderische Bildaufnahmevorrichtung mit einem foto-empfindlichen n-dotierten Halbleiter. Auf dem Halbleiter befindet sich eine transparente dielektrische Schicht 11, auf der eine zusammenhängende leitfähige Schicht 12 angeord-net ist. Diese leitfähige Schicht 12 ist ebenfalls transparent. Die dielektrische Schicht 11 ist an den Bereichen 12B dünner, sodass dort eher Lichtphotonen zum Halbleiter 10 gelangen können. Die Bereiche 12B wechseln sich mit Bereichen 12A ab, die eine dicke dielektrische Schicht 11 aufweisen. Es ergibt sich daher lokal unterschiedlich starke

Nov. 10, 1970   E. H. STUPP ET AL   3,540,011

ALL SOLID STATE RADIATION IMAGERS

Filed Sept. 6, 1968   5 Sheets—Sheet 5

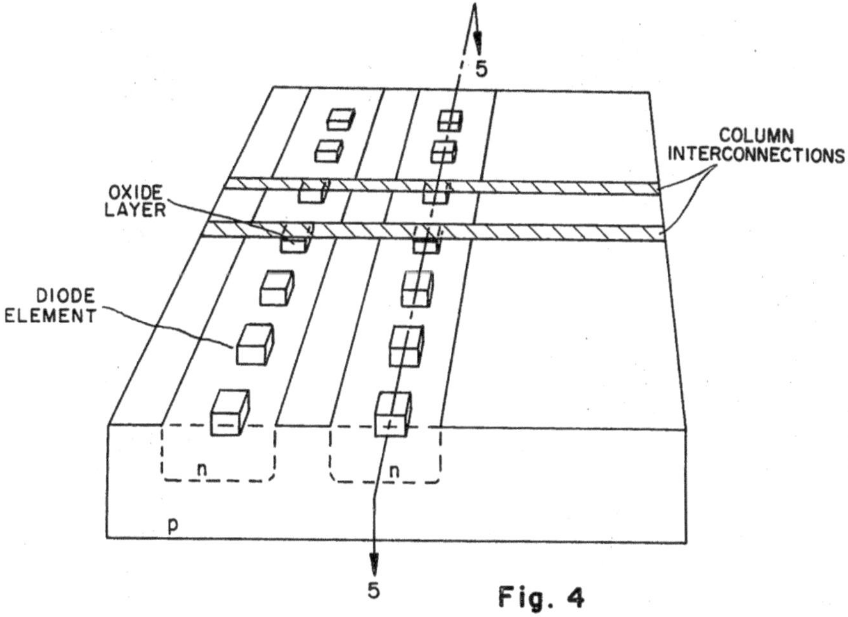

Abb. 7.2   Fig. 4 der US3540011A

Abb. 7.3   Fig. 5 der
US3540011A

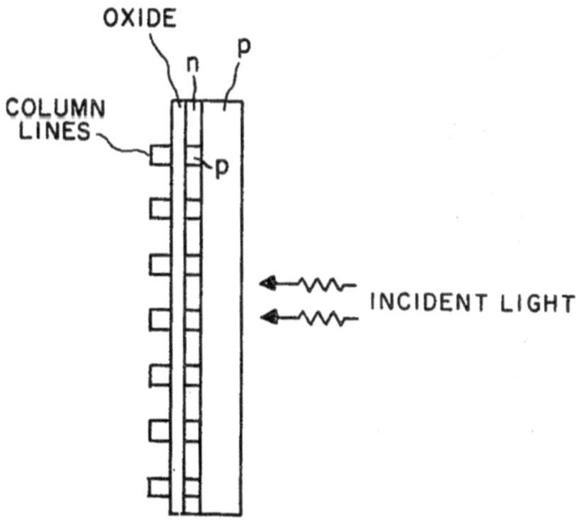

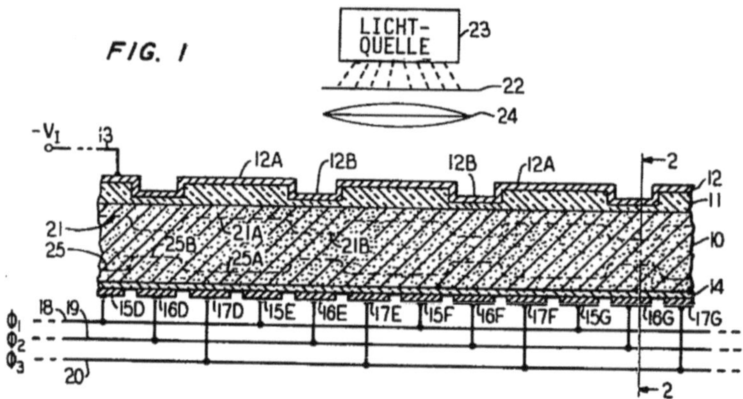

Abb. 7.4 Fig. 1 der DE2262047C2

Einflüsse durch das Licht 23, die durch die Elektroden 15D, 16D, 17D … 17G unterhalb des Halbleiters 10 abgetastet werden können. Es kann dadurch die unterschiedliche Lichtstärke ermittelt werden.[2]

7.3 Digitalkamera – Willis A. Adcock

Eine der ersten Digitalkameras wurde von Willis A. Adcock (geboren am 25. November 1922; gestorben am 16. Dezember 2003) zum Patent angemeldet. Sein Patent US 4,163,256, das am 23. Juni 1977 beim US-amerikanischen Patentamt eingereicht wurde, beschreibt eine Digitalkamera.

Der Hauptanspruch des Patents lautet:

„1. An electronic still picture photography system comprising:

(a) an electronic camera including:

(i) an optical electronic image transducer device having storage capability for storing data representing an optical image;
(ii) a scanning means for scanning said image transducer to read said data; and
(iii) a momentary actuation means;

---

[2] DPMA,   https://depatisnet.dpma.de/DepatisNet/depatisnet?action=pdf&docid=DE0000022620 47C2A&xxxfull=1, abgerufen am 28.8.2024.

(b) a recording apparatus for recording said data received from said electronic camera on a selected portion of a recording medium;
(c) means coupling said momentary actuation means to said recorder apparatus for controlling said recorder to record data representing a different single optical image on each such selected portion of said recording medium in response to each different actuation;

(d) a playback apparatus for reading, one at a time, selected ones of said single optical images from said recording medium, said playback apparatus including means for generating a video signal to play back said selected ones of said optical images on a television receiver-type display device."[3]

Der Anspruch beschreibt ein Standbildfotografiesystem, das eine Bildwandlervorrichtung, eine Abtastvorrichtung zum Erfassen der durch die Lichtphotonen erzeugten Ladungen und Speichermöglichkeiten für das aufgenommene Bild umfasst. Außerdem werden die Abspielvorrichtungen angesprochen.

Die Abb. 7.5 zeigt in der Figur 6 den erfindungsgemäßen optoelektronischen Ladungstransfer-Wandler, der mit Feldeffekttransistoren aufgebaut ist. Die erzeugten Ladungen müssen in einem bestimmten Takt, der gleichbleibend sein muss, ausgelesen werden. Hierzu werden Taktimpulse von den Bauteilen 82, 84 und 86 zur Verfügung gestellt.

In der Abb. 7.5 wird die Figur 7 präsentiert, die den Aufbau der lichtsensitiven Elemente illustriert, wobei es spezielle Elemente für die unterschiedlichen Farben Rot, Grün und Blau gibt. Hierdurch werden farbliche Aufnahmen ermöglicht.

Die Abb. 7.6 zeigt eine komplette Kamera mit einem Chip mit lichtsensitiven Elementen.

---

[3] DPMA,   https://depatisnet.dpma.de/DepatisNet/depatisnet?action=pdf&docid=US000004163256A&xxxfull=1, abgerufen am 07.03.2024.

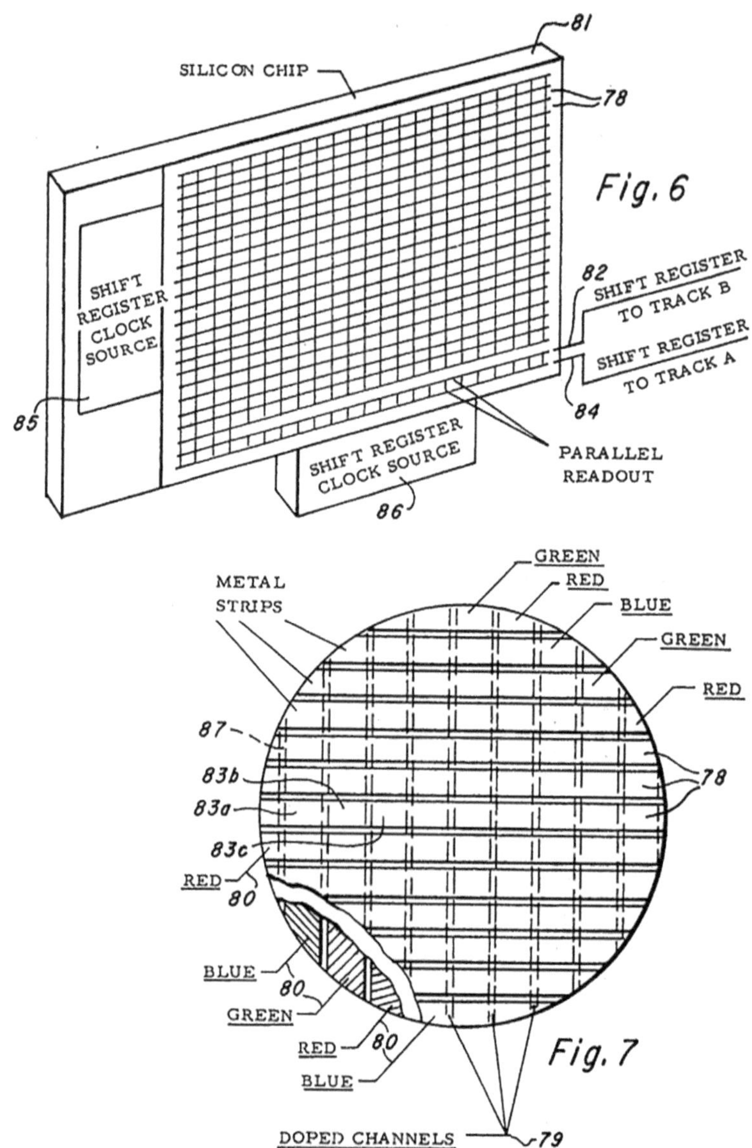

Abb. 7.5 Fig. 6 und 7 der US4163256A

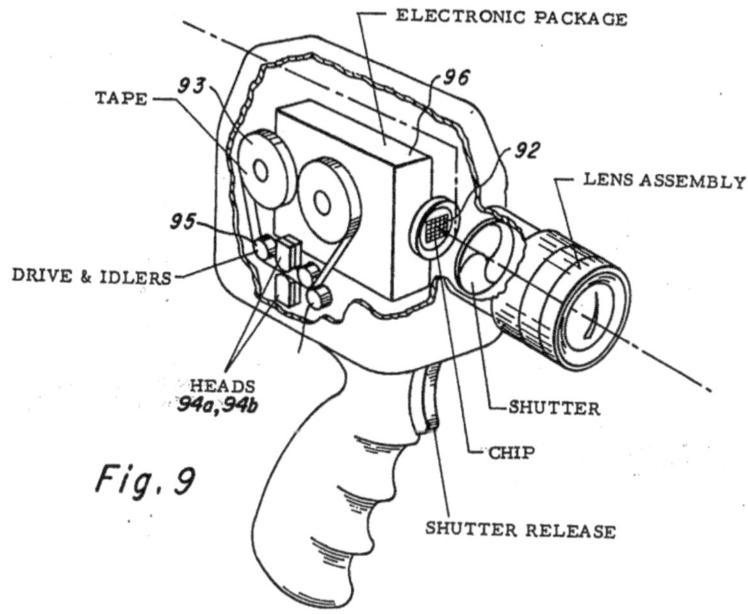

Abb. 7.6   Fig. 9 der US4163256A

Nachrichtenübertragung

Die Nachrichtenübertragung beschreibt das Versenden von Daten von einem Absender zu einem Empfänger mit Nachrichtenübertragungssystemen.

8.1 Relais – Hans Sauer

Hans Sauer (geboren am 4. Juni 1923; gestorben am 13. Mai 1996) ist ein Pionier der Relaistechnik. In seinem Patent DE 942406 „Elektromagnetisches Relais mit federgefesseltem Anker", das am 7. März 1954 erteilt wurde, beschreibt er seine Erfindung. Relais wurden in Vorrichtungen zur Codierung und Decodierung von Nachrichten vor bzw. nach der Übertragung der Nachricht eingesetzt.

Mit einem Relais kann mit einem kleinen, ungefährlichen Steuerstrom eine große (lebensbedrohliche) Leistung geschaltet werden, ohne dass die Gefahr besteht, dass der Nutzer in Kontakt mit der geschalteten Leistung gerät. Hierbei wird insbesondere ein Elektromagnet mit dem Steuerstrom beaufschlagt, dessen resultierendes Magnetfeld ein mechanisches Element bewegt, das einen Leistungsschalter schaltet. Aufgrund dieses Prinzips besteht zwischen dem geschalteten hohen Strom und dem Steuerkreis keine elektrisch leitende Verbindung, wodurch die Betätigung des Steuerkreises keine Gefahr eines Stromschlags für den Bediener darstellen kann.

Der Hauptanspruch lautet:

> *„1. Elektromagnetisches Relais mit federgefesseltem Anker, gekennzeichnet durch vom Anker betätigte Mittel zu einer proportional seiner Auslenkung aus der Nullstellung erfolgenden*

© Der/die Autor(en), exklusiv lizenziert an Springer-Verlag GmbH, DE, ein Teil von Springer Nature 2024
T. H. Meitinger, *Elektronik. Hightech in Patenten*,
https://doi.org/10.1007/978-3-662-69755-9_8

Änderung der Federcharakteristik, z. B. Verkürzung der wirksamen Federlänge, im Sinne der Anpassung der Federcharakteristik an die Magnetkraft-Weg-Kennlinie des Ankers. "[1]

Die Abb. 8.1 zeigt ein erfindungsgemäßes Relais mit einer Spule, die eine Wicklung W auf einem Weicheisenkern K umfasst. Außerdem ist ein Anker A um eine Achse a drehbar gelagert, sodass durch ein Magnetfeld zwischen den Polschuhen Q_1 und Q_2 eine Drehwirkung auf den Anker A ausgeübt werden kann. Der Anker A weist in seinem Mittelteil einen dauermagnetisierten Abschnitt auf, der durch Pfeile versinnbildlicht ist. An dem Anker A ist eine Platte A_0 angeordnet, an der Federn F_1 und F_2 befestigt sind. Fließt ein Gleichstrom durch die Wicklung W ergibt sich ein magnetisches Feld zwischen den Polschuhen Q_1 und Q_2, das den Anker A wie in der Figur 1 dargestellt dreht und dadurch die befestigten Federn F_1 bzw. F_2 jeweils im letzten Abschnitt der Bewegung des Ankers A auf Gegenlager aufsetzt, auf denen sie abrollen können. Hierdurch erfährt die Bewegung des Ankers A am Ende des Weges eine große Gegenkraft, da die Federn F_1 und F_2 auf den Gegenlagern G_1 und G_2 abgerollt werden müssen. Dadurch kann dem Effekt entgegen gewirkt werden, dass am Ende des Weges des drehbaren Ankers A der Anker sich immer schneller bewegt, da die magnetischen Kräfte bei Abnahme der Abstände überproportional zunehmen. Hierdurch können gleichmäßige und schonende Bewegungen des Ankers A sichergestellt werden.

8.2   Lautsprecher – Edward Washburn Kellogg

Edward Washburn Kellogg (geboren am 20. Februar 1883; gestorben am 29. Mai 1960) ist der Erfinder des Drehspul-Lautsprechers. In seinem Patent US 1,983,377, das am 27. September 1929 beim Patentamt eingereicht wurde, beschreibt er seine Erfindung.

Der Hauptanspruch lautet:

„The combination of a vibratable member, a stationary member mounted in juxtaposition to said vibratable member, at least one of said members being divided into sections in series with one another, means for producing an electrostatic field between said members, and means including inductance elements connected between said sections for neutralizing the capacitance between said members. "[2]

Der Anspruch beschreibt die Anordnung von abschnittsweise verteilten Induktivitätselementen, um die immanente Kapazität eines Lautsprechers zu neutralisieren.

---

[1] DPMA,   https://depatisnet.dpma.de/DepatisNet/depatisnet?action=pdf&docid=DE0000009 42406B, abgerufen am 24.02.2024.

[2] DPMA,   https://depatisnet.dpma.de/DepatisNet/depatisnet?action=pdf&docid=US0000019 83377A, abgerufen am 25.02.2024.

Abb. 8.1 Fig. 1 und 1a der
DE942406

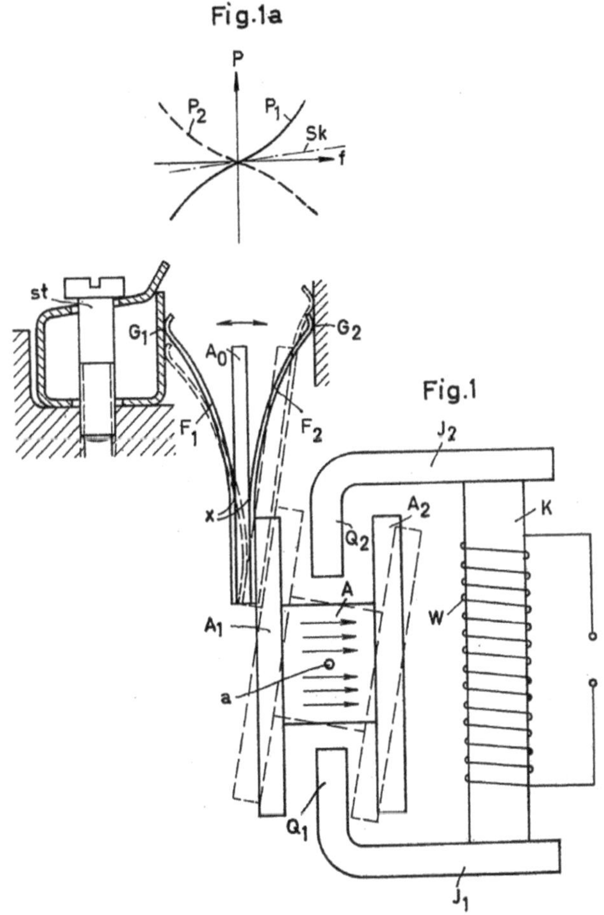

Eine Drehspule ist um ihre Symmetrieachse derart gelagert, dass sie beim Erzeugen eines Magnetfelds bei Stromdurchfluss um diese Achse gedreht wird. Die Erfindung
beschäftigt sich mit dem Problem, dass bei hohen Frequenzen die Impedanz von Kondensatoren kleiner wird, insbesondere sich verändert, wodurch ein Lautsprecher bei hohen
Frequenzen unterschiedlich im Vergleich zur Situation mit geringen Frequenzen klingt.
Erfindungsgemäß soll dieser frequenzbedingte Effekt durch die Impedanz von Spulen
kompensiert werden. Die Impedanz eines Kondensators ist: $1/(\omega C)$ mit $\omega = 2 \bullet \pi \bullet f$,
wobei f die Frequenz ist. C ist der Kapazitätswert des Kondensators. Das bedeutet, dass
die Impedanz, die der Wechselstromwiderstand darstellt, bei niedrigen Frequenzen hoch
ist und bei hohen Frequenzen niedrig ist, da die Frequenz in den Nenner der Impedanz eingeht. Das Gegenteil gilt für die Impedanz einer Spule, für die gilt: $\omega \bullet L$ mit
$\omega = 2 \bullet \pi \bullet f$, wobei f die Frequenz ist. L ist der Induktivitätswert der Spule. Bei hohen

Frequenzen weist daher eine Spule eine hohe Impedanz auf und bei niedrigen Frequenzen ist die Impedanz einer Spule klein. Die Impedanzen von Kondensatoren und Spulen verlaufen daher mit zunehmender Frequenz gegenläufig, weswegen sich eine Kompensation der Frequenzabhängigkeit der Impedanz eines Kondensators durch den Einsatz einer Spule anbietet. Eine Spule und ein Kondensator haben neben ihrem Wechselstromwiderstand einen ohmschen Widerstand. Der ohmsche Widerstand ist unabhängig von Strom, Spannung oder Frequenz. Dieser ohmsche Widerstand bleibt zur Vereinfachung der Betrachtungen unberücksichtigt.

Die Abb. 8.2 zeigt oben die Figur 1, bei der Spulen 13 abschnittsweise angeordnet sind, damit diese mit ihrem Wechselstromwiderstand $\omega \bullet L$ den Wechselstromwiderstand der Kapazitäten des Lautsprechers mit $1/(\omega \bullet C)$ kompensieren. Die Figuren 2 bis 4 sind Varianten des erfinderischen Gedankens.

8.3   Faxgerät – Rudolf Hell

Rudolf Hell (geboren am 19. Dezember 1901; gestorben am 11. März 2002) ist der Vater des Faxgeräts. In seinem Patent DE 540849, das am 10. Dezember 1931 erteilt wurde, beschreibt er seine Erfindung.

Der Hauptanspruch lautet:

„1. Vorrichtung zur elektrischen Übertragung von Schriftzeichen nach einem telautographischen Bildübertragungsverfahren, bei dem alle zur Übertragung vorgesehenen Schriftzeichen oder die entsprechenden Bildpunkte auf einer Sendewalze oder einem Sendeblatt aufgebracht sind und bei dem die Abtastorgane durch Drücken einer Taste der Sendetastatur auf das jeweils zu übertragende Schriftzeichen oder Schriftzeichenelement gerichtet werden, dadurch gekennzeichnet, dass durch die Anordnung mechanischer oder elektrischer Tastensperren, die von der Sendewalze gesteuert werden, das Aussenden von Schriftzeichen erst nach Beendigung der Übertragung des vorhergehenden Schriftzeichens möglich ist. "[3]

Die Abb. 8.3 zeigt in der Figur 1 eine besondere Verbindung der Tasten 1, 2 und 3, die durch Federn 7 nach oben gedrückt werden. Wird eine Taste gedrückt, wird ein Kontakt 4 nach unten bewegt. Allerdings kann ein Kontakt von 4 mit 5 zunächst nicht erfolgen. Erst wenn ein Stromimpuls auf den Elektromagneten 10 gegeben wird und der Anker 9 vom Elektromagneten 10 angezogen wird, können die Kontakte 4 und 5 zusammenkommen. Der Anker 9 ist zudem am oberen Ende gebogen, sodass er den Kontakt 4 solange hält, bis durch einen weiteren Stromimpuls der Anker 9 vom Elektromagneten 10 angezogen wird. Es ergibt sich daher in der Figur 1 eine Tastenanordnung mit Tasten 1, 2 und 3, die durch Stromimpulse gesteuert werden kann.

---

[3] DPMA,   https://depatisnet.dpma.de/DepatisNet/depatisnet?action=pdf&docid=DE0000005
40849A, abgerufen am 24.02.2024.

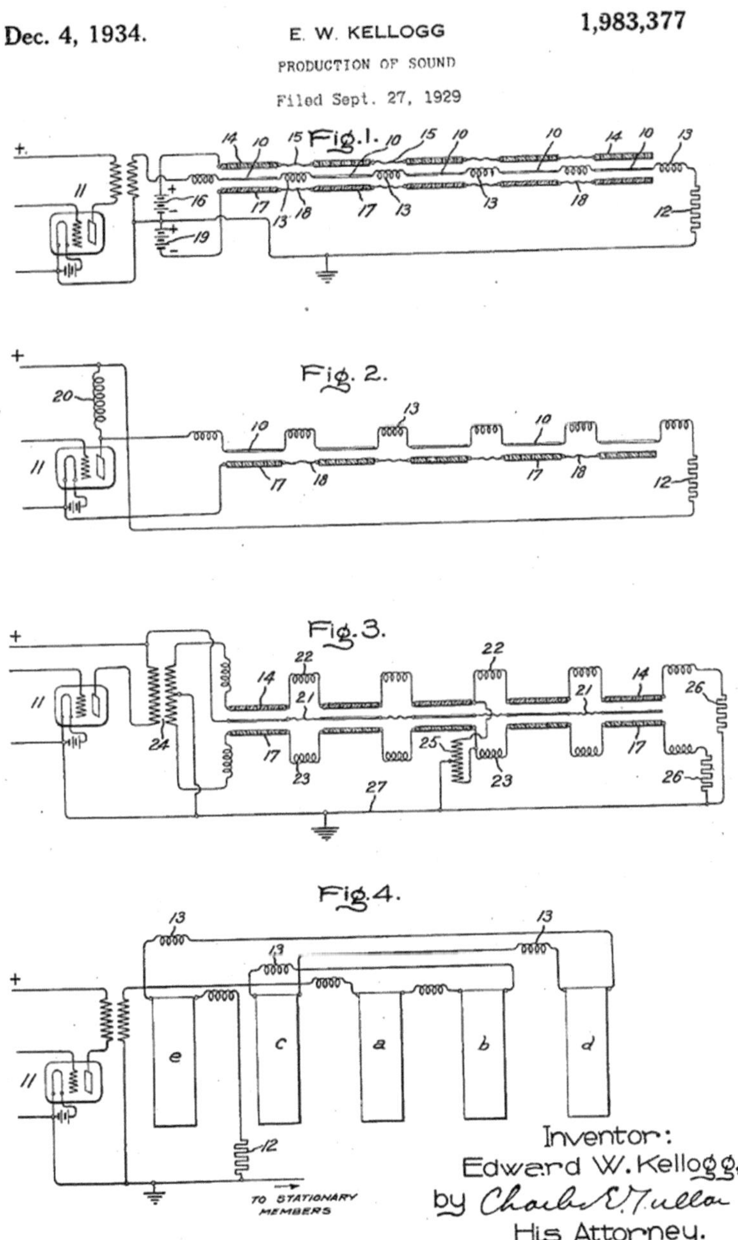

Abb. 8.2   Fig. 1 bis 4 der US1983377

Abb. 8.3 Fig. 1 und 2 der
DE540849

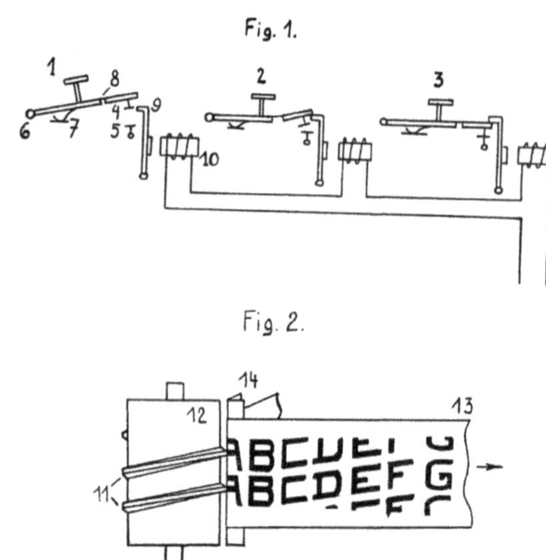

Figur 2 der Abb. 8.3 zeigt ein erfindungsgemäßes Faxgerät mit einer Papierrolle 13,
die über eine Kante 14 bewegt wird und dabei von der Walze 12 beschriftet wird.

8.4   Lichtwellenleiter – Manfred Börner

Manfred Börner (geboren am 16. März 1929; gestorben am 15. Januar 1996) ist ein Pionier der optoelektronischen Datenübertragung. In seinem Patent DE 1254513 beschreibt
er ein Übertragungssystem für pulscodemodulierte Daten.

Der Hauptanspruch des Patents lautet:

> *„1. Mehrstufiges Übertragungssystem für in Pulscodemodulation dargestellte Nachrichten,
> bei dem jede Übertragungsstufe Laserorgane als Sender, fotoempfindliche Organe als Emp-
> fänger und Impulsaufbereitungseinrichtungen, welche durch die vom zugehörigen Empfänger
> decodierten Signalimpulse gesteuert werden, enthält und zwischen den Stufen eine geschlos-
> sene Übertragungsstrecke vorgesehen ist, gekennzeichnet durch die Kombination folgender an
> sich bekannter Merkmale:*
>
> *a) Die sendenden Laserorgane sind Halbleiterlaser, vorzugsweise Halbleiterinjektionslaser;*
> *b) die fotoempfindlichen Empfänger sind Halbleiterfotodioden:*
> *c) die Impulsaufbereitungseinrichtungen sind Halbleiterschaltungen;*
> *d) die Übertragungsstrecke besteht aus Lichtwellenfaserleitern. "*[4]

---

[4] DPMA,   https://depatisnet.dpma.de/DepatisNet/depatisnet?action=pdf&docid=DE0000012
54513B, abgerufen am 08.03.2024.

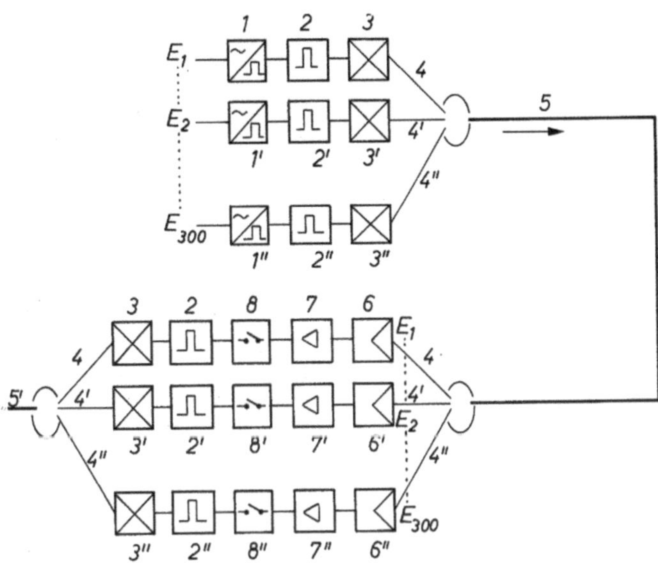

Abb. 8.4 Figur der DE1254513B

Der Hauptanspruch beschreibt die optoelektronische Nachrichtenübertragung mit Lichtwellenfaserleitern, in die mit Laser Signale eingespeist werden, die von Fotodioden am anderen Ende der Lichtwellenfaserleiter empfangen werden.

Die Abb. 8.4 zeigt die Leitung 5, in die mit Laserdioden 3, 3' und 3" Signale eingespeist werden, die zuvor von Leistungsstufen 2, 2' und 2' verstärkt wurden, nachdem sie in Codierstufen 1, 1' und 1" codiert wurden. Diese Signale kommen am anderen Ende der Leitung 5 an und werden durch Stufen 7, 7' und 7" verstärkt und weiter verarbeitet.

Hochfrequenztechnik

Die Hochfrequenztechnik beschreibt die drahtlose Ausbreitung elektromagnetischer Wellen. Die Ausbreitung elektromagnetischer Wellen kann zur Übertragung von Energie bzw. Nachrichten genutzt werden. Wichtige Teilgebiete der Hochfrequenztechnik sind die Antennentechnik und die Hochfrequenzmesstechnik. Dem Physiker Heinrich Hertz gelang am 11. November 1886 die erste drahtlose Energieübertragung mit hochfrequenten elektromagnetischen Wellen.

9.1 Kohärer – Édouard Eugène Désiré Branly

Édouard Eugène Désiré Branly (geboren am 23. Oktober 1844; gestorben am 24. März 1940) ist der Erfinder des Kohärers, der die erste Vorrichtung war, mit der das Vorhandensein von Funkwellen festgestellt werden konnte. Der Kohärer war ein Glasröhrchen, in dem Metallfeilspäne enthalten waren. Elektromagnetische Wellen können einen Einfluss auf die Metallfeilspäne nehmen, sodass sich der elektrische Widerstand der Metallfeilspäne-Anordnung ändert. In einer alternativen Ausführungsform kann die Funktion der Metallspäne durch Metalloxid erfüllt werden.

Branly beschreibt in seinem Patent US 796800 „receiver for use in wireless telegraphy" (Empfänger für die drahtlose Telegraphie) seinen Detektierer für Funkwellen.

Der Hauptanspruch des Patents lautet:

> *„1. In a wireless-telegraph receiver, the combination of a contact-point and contact-plate, both electrically connected in the mast and receiver circuits, and means for shifting the relative*

© Der/die Autor(en), exklusiv lizenziert an Springer-Verlag GmbH, DE, ein Teil von Springer Nature 2024
T. H. Meitinger, *Elektronik. Hightech in Patenten*,
https://doi.org/10.1007/978-3-662-69755-9_9

Abb. 9.1 Fig. 1 bis 3 der
US796800

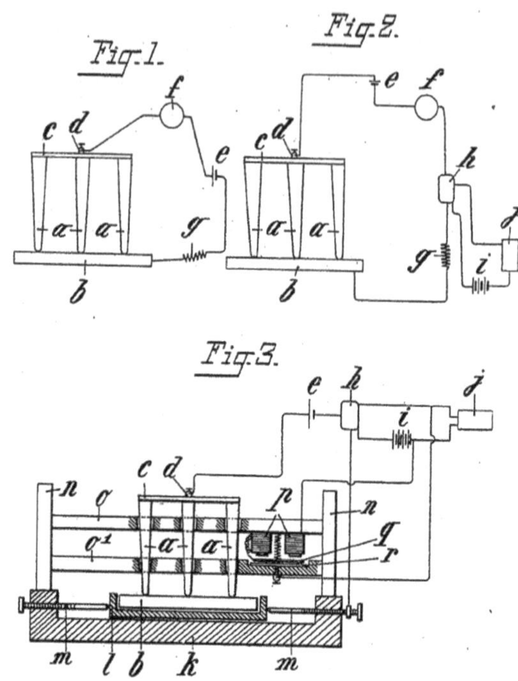

*positions of the contact-point and contact-plate, so as to change the point of engagement
between the contact-plate and contact-point.*"[1]

Die Abb. 9.1 zeigt in der Figur 1 den grundsätzlichen Aufbau des Kohärers mit drei
Metallstäben a, die auf eine Metallplatte b gepresst werden, wobei zwischen den Metallstäben a und der Metallplatte b eine Oxidschicht vorhanden ist, die einen Stromfluss
verhindert. Zwischen der Metallplatte b und dem Kontakt d wird eine Spannung e angelegt, sodass zwischen den Metallstäben a und der Metallplatte b eine elektrische Spannung
besteht. In dem Stromkreis ist ein Strommessgerät f und ein Widerstand g zur Strom-
begrenzung im Falle eines Stromflusses enthalten. In der Figur 2 wird an den Kohärer
ein Empfangsstromkreis angeschlossen. Das Besondere an dem Kohärer ist, dass durch
das Metalloxid nur eine extrem dünne Schicht den Stromfluss verhindert. Empfängt der
Stromkreis ein Signal, so kann auch ein sehr kleines Signal bereits zu einer Spannung
führen, die zu einem Durchschlagen des Metalloxids führt, sodass sich ein Stromfluss
einstellt. Der Kohärer ist daher aufgrund der sehr dünnen Oxidschicht sehr empfindlich
gegenüber empfangenen Spannungen.

Die Figur 3 der Abb. 9.1 zeigt eine Vorrichtung, die mit dem Kohärer der Figuren 1 und
2 ausgerüstet ist, wobei ein Elektromagnet p angeordnet ist, der die Metallstäbe anheben
kann, damit sich nach einem Stromfluss eine Oxidschicht neu ausbilden kann bzw. dass
die Metallstäbe a auf unbeschädigte Oxidschichten aufgesetzt werden können.

---

[1] DPMA,   https://depatisnet.dpma.de/DepatisNet/depatisnet?action=pdf&docid=US0000007
96800A, abgerufen am 25.02.2024.

Abb. 9.2 Fig. 4 der
US796800

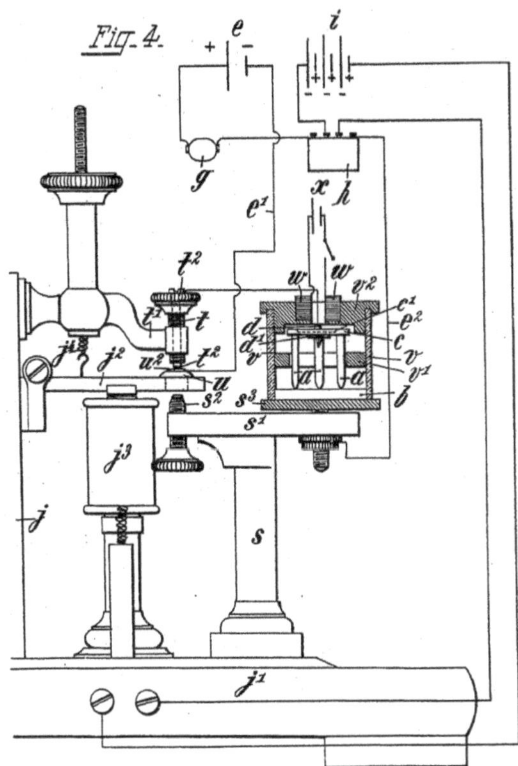

Die Abb. 9.2 zeigt einen Kohärer, der auf einem Empfangsgerät montiert ist.

9.2 Funkverbindung – Guglielmo Marconi

Guglielmo Marconi (geboren am 25. April 1874; gestorben am 20. Juli 1937) war ein
wesentlicher Wegbereiter der Funktechnik. Für seine Verdienste im Bereich der Funktelegraphie erhielt er 1909 den Nobelpreis für Physik. Marconi beantragte am 2. Juni 1896
sein erstes Patent GB 189612039 A.

Der Hauptanspruch lautet:

> *„1. The method of transmitting signals by means of electrical impulses to a receiver having
> a sensitive tube or other sensitive form of imperfect contact capable of being restored with
> certainty a regularity to its normal condition substantially as described."*[2]

Der Anspruch beschreibt das Übertragen von Signalen mittels elektrischer Impulse an
eine Empfangsstation.

---

[2] DPMA, https://depatisnet.dpma.de/DepatisNet/depatisnet?action=pdf&docid=GB0001896
12039A, abgerufen am 24.02.2024.

Abb. 9.3 Fig. 1 der
GB189612039

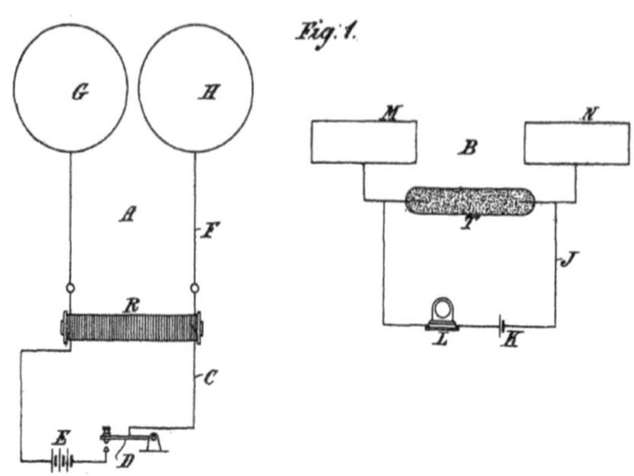

Die Abb. 9.3 zeigt schematisch den Aufbau zur Funkverbindung mit der Sendeeinrichtung A und der Empfangseinrichtung B. Die Sendeeinrichtung A umfasst Kugeln G und H, sogenannte Hertzsche Strahler, und sind zur Absendung elektromagnetischer Wellen vorgesehen. Die Hertzschen Strahler sind an der Sekundärwicklung eines Transformators R angeschlossen. Ist der Stromkreis der Primärseite des Transformators geschlossen, ergeben sich Funken zwischen den Kugeln G und H. In diesem Fall werden daher durch die Hertzschen Strahler elektromagnetische Wellen erzeugt.

Das Empfangsgerät B weist zwei leitende Platten M und N, eine Batterie K, einen Lautsprecher L und einen Kohärer T auf. Der Kohärer T ist eine Röhre, in der metallisches Pulver enthalten ist, das sich bei einem elektrischen Feld ausrichten kann. Die Röhre T ist an den Stromkreis J angeschlossen, der von der Batterie K gespeist wird. Außerdem enthält der Stromkreis J den Lautsprecher L. Sind die Metallspäne nicht ausgerichtet, ist die Röhre T nichtleitend und es fließt in dem Stromkreis J kein Strom. Empfangen die Platten M und N jedoch elektromagnetische Wellen richten sich die Metallspäne in der Röhre T aus und es kann ein Strom durch die Röhre T fließen. In diesem Fall können Laute im Lautsprecher L vernommen werden. Nach Ende des Empfangs kann die Röhre T geschüttelt werden, um wieder einen ungeordneten Ausgangspunkt zu erhalten.

Die Abb. 9.4 zeigt die Prinzipskizze eines Transformators mit der Primärwicklung und der Sekundärwicklung, wobei eine Primärspannung an der Primärwicklung in dem Eisenkern des Transformators einen magnetischen Fluss erzeugt, der zu einer induzierten Sekundärspannung an der Sekundärwicklung führt. Das Verhältnis der Spannungen entspricht der Zahl der Windungen an den Wicklungen:

$$\text{Sekundärspannung}/\text{Primärspannung} = \text{Windungszahl}_{\text{Sekundärwicklung}}/\text{Windungszahl}_{\text{Primärwicklung}}$$

Ein Eisenkern ist nicht unbedingt erforderlich, verbessert jedoch die Arbeitsweise des Transformators.

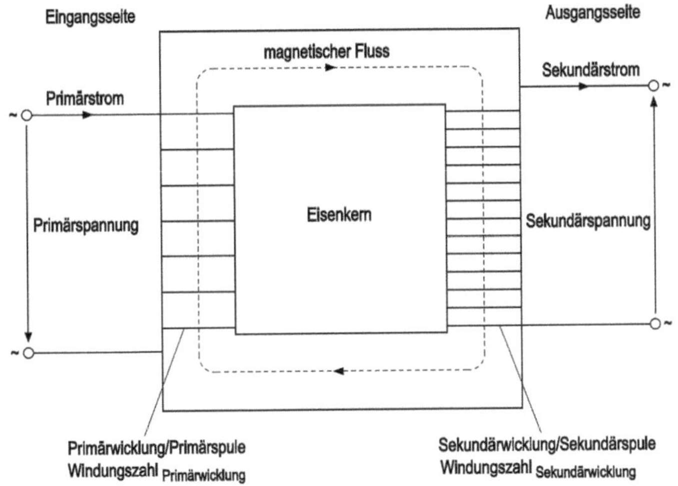

Abb. 9.4 Prinzipskizze eines Transformators

In einem weiteren Patent GB 190007777, das am 13. April 1901 erteilt wurde, beschreibt Guglielmo Marconi eine erfindungsgemäße Schaltung, wobei er den Senderkreis und den Oszillatorkreis als separate Bauteile ausführte. Hierdurch wird dem Oszillatorkreis nicht mehr durch die Abstrahlung Energie entnommen, sodass die Oszillation länger konstant anhält. Durch die erfindungsgemäße Anordnung konnte die Reichweite gesteigert werden.

Die Abb. 9.5 zeigt mit der Figur 1 das Sendegerät und in der Figur 2 das Empfangsgerät. Das Empfangsgerät umfasst eine Röhre T als Kohärer. Im Empfangsgerät der Fig. 1 ist ein Transformator d'd angeordnet, der eine Trennung der Anordnung ermöglicht. Das Empfangsgerät der Figur 2 weist einen Transformator $j_1 j_2 j_3$ auf, der ebenfalls eine Trennlinie innerhalb des Empfangsgeräts zieht.

Der Schwingkreis der Figur 1 wird durch die Sekundärwicklung eines Transformators mit dem Kondensator C gebildet. Deren Schwingung wird erfindungsgemäß vorteilhafterweise nicht direkt durch Stromabfluss an Hertzsche Strahler belastet, sodass die Schwingung weniger gedämpft abläuft. Die Schwingung wird durch Schließen des Schalters b gestartet, wodurch Strom durch die Primärwicklung des Transformators fließt. Die hochfrequenten Ströme in der Primärwicklung werden über den Transformator d'd übertragen und führen zur Abstrahlung elektromagnetischer Wellen.[3]

---

[3] DPMA, https://depatisnet.dpma.de/DepatisNet/depatisnet?action=pdf&docid=GB0001900077 77A&xxxfull=1, abgerufen am 28.8.2024.

Abb. 9.5 Fig. 1 und 2 der
GB190007777A

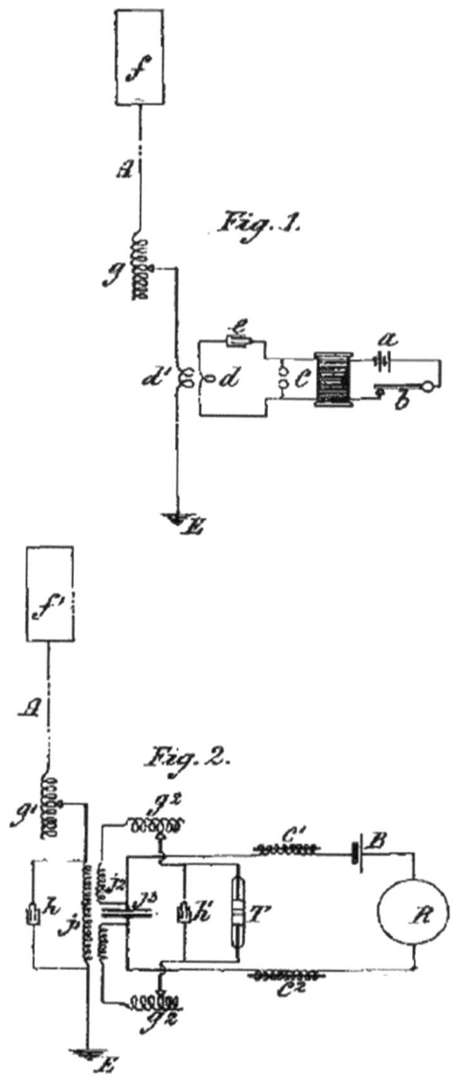

9.3   Superhet-Empfänger – Edwin Howard Armstrong

Edwin Howard Armstrong ist der Erfinder des Superhet-Empfängers. Armstrong erkannte
das Problem, dass ein Signal mit hoher Frequenz von den damaligen Detektoren nur
schwer verarbeitet werden konnte. Armstrong suchte daher nach technischen Möglichkei-
ten, Signale hoher Frequenz, die für eine Datenübertragung besonders interessant sind,
nutzbar zu machen. In seinem Patent US 1,342,885, das am 8. Februar 1819 beim
Patentamt eingereicht wurde, beschreibt er seine technische Lösung.

Der Hauptanspruch des Patents lautet:

> *„1. The method of amplifying and receiving high frequency electrical oscillatory energy which comprises, combining the incoming energy with locally generated high frequency continuous oscillations of a frequency differing from said incoming energy by a third readily – amplifiable high frequency, converting the combined energy by suitable means to produce said readily-amplifiable high frequency oscillations, amplifying the said third high frequency oscillations, and detecting and indicating the resulting amplified oscillations. "*[4]

Die Abb. 9.6 zeigt die Figuren 3 und 4 der US 1,342,885, wobei die Fig. 3 das grundsätzliche Verfahren verdeutlicht. Eine Quelle 21 stellt die eingehende Schwingung mit hoher Frequenz dar. Diese Eingangsschwingung wird mit der Schwingung eines Oszillators 24 gemischt. Die nachfolgende Stufe 26 und 27 ist auf das Mischergebnis abgestimmt. Mit einem mehrstufigen HF-Verstärker 28 erfolgt eine Signalverstärkung und in der Stufe 29 wird das Signal demoduliert und mit einem Audioverstärker 30 noch einmal verstärkt. Das Signal kann dann in einem Lautsprecher hörbar gemacht werden. Mit Demodulation wird die Zurückgewinnung eines Nutzsignals bezeichnet, das zuvor zur Übertragung auf eine hohe Frequenz als Träger aufmoduliert wurde.

Die Erfindung von Armstrong ermöglichte es, eine beliebige Eingangsfrequenz zu verarbeiten, indem diese in eine gewünschte, niedrige Frequenz umgewandelt wurde. Die Fig. 4 zeigt die Hintereinanderschaltung mehrerer separater Mischerstufen. Hierdurch konnte eine weitere Verbesserung der Trennschärfe erreicht werden. Mit der Trennschärfe bzw. Selektion wird die Fähigkeit bezeichnet, einen gewünschten Sender von einem bezüglich der Sendefrequenz benachbarten Sender zu trennen.

---

[4] DPMA,   https://depatisnet.dpma.de/DepatisNet/depatisnet?action=pdf&docid=US0000013428 85A&xxxfull=1, abgerufen am 25.02.2024.

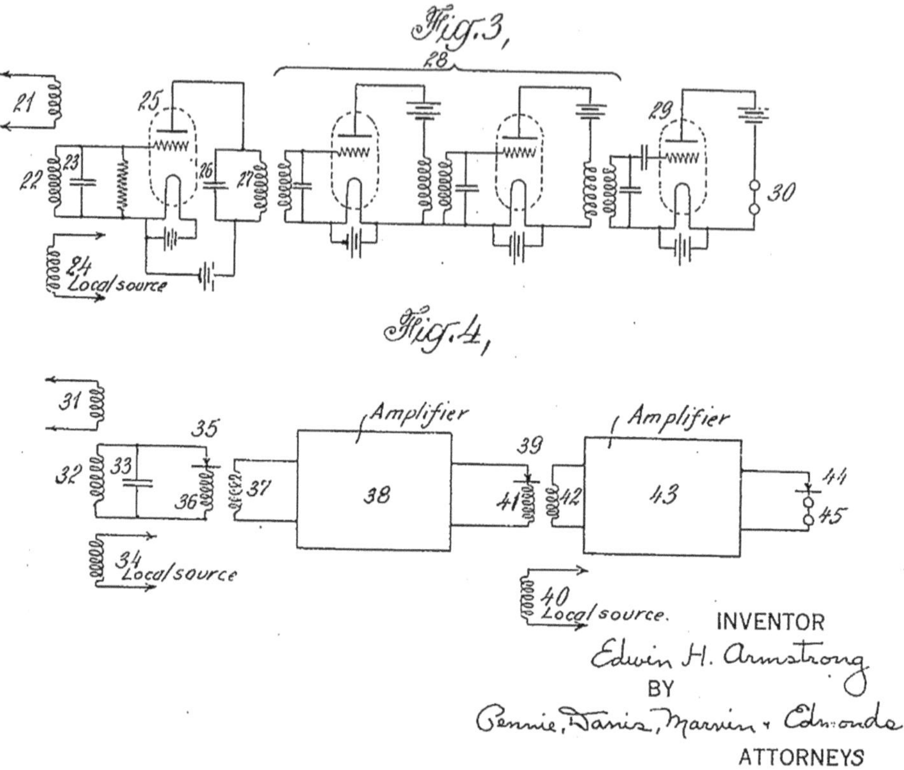

Abb. 9.6 Fig. 3 und 4 der US1342885

9.4   Superhet-Empfänger – Walter Hans Schottky

Zeitgleich mit Armstrong entwickelte Walter Hans Schottky (geboren am 23. Juli 1886; gestorben am 4. März 1976) eine Schaltung mit einem Superhet-Empfänger. Seine Entwicklung wurde in dem Patent DE 368937 A, das am 19. Juni 1918 erteilt wurde, beschrieben.

Der Hauptanspruch seines Patents lautet:

> „1. Empfangsanordnung für elektrische Wellen, insbesondere für drahtlose Telephonie, mit Überlagerer und Gleichrichter am Eingang, der eine an oder über der Grenze des Hörbereiches liegende Gruppenfrequenz erzeugt, gekennzeichnet durch die Umwandlung des am Gleichrichter erzielten Wellenstromes in Wechselstrom mittels einer auf die Gruppenfrequenz

abgestimmten Anordnung und nochmaliger Gleichrichtung des Wechselstromes zur Bildung des Signals.“[5]

Der Hauptanspruch spricht von einer Gruppenfrequenz, womit eine Frequenz gemeint ist, die eine Mehrzahl von Signalen gemeinsam hat.

Die Abb. 9.7 zeigt die Zeichnungen des Patents mit der Schaltung eines Überlagerungsempfängers/Superhet-Empfängers, wobei ein von der Antenne a empfangenes Signal (Abb. 2 der Abb. 9.7) mit einem Transformator in die Schaltung eingespeist wird. Dieses Signal wird zunächst durch eine Diode gleichgerichtet. Danach wird der Schwingkreis mit einem Kondensator und der Primärwicklung I eines Transformators mit dem Signal (Abb. 3 der Abb. 9.7) gespeist. An der Sekundärseite des Transformators ergibt sich mit der Sekundärwicklung II und einem weiteren Kondensator ein weiterer Schwingkreis. Das Ergebnis ist das Signal der Abb. 4 der Abb. 9.7. Dieses Signal wird vom Verstärker V verstärkt (Abb. 5 der Abb. 9.7). Am Lautsprecher erscheint nach der Gleichrichtung durch D_1 das niederfrequente Signal der Abb. 6 der Abb. 9.7. Das Signal der Abb. 4 und 5 stellt die sogenannte Zwischenfrequenz dar, die im Vergleich zum Eingangssignal der Abb. 2 und 3 eine niedrigere Frequenz aufweist.

9.5 Drahtlose Energieübertragung – Nikola Tesla

Nikola Tesla (geboren am 10. Juli 1856; gestorben am 7. Januar 1943) war ein Pionier der drahtlosen Energieübertragung. Nikola Tesla erreichte als erster über eine Distanz von 30 km eine drahtlose Energieübertragung. In seinem Patent US 649621, das am 15. Mai 1900 erteilt wurde, beschreibt er seine erfinderische Vorrichtung zur Übertragung elektrischer Energie.

Der Hauptanspruch der Patentschrift lautet:

„1. The combination with a transmitting coil or conductor connected to ground and to an elevated terminal respectively, and means for producing therein electrical currents or oscillations, of a receiving coil or conductor similarly connected to ground and to an elevated terminal, at a distance from the transmitting-coil and adapted to be excited by currents caused to be propagated from the same by conduction through the intervening natural medium, a secondary conductor in inductive relation to the receiving-conductor and devices for utilizing the current in the circuit of said secondary conductor, as set forth.“[6]

In dem Anspruch wird eine Sendespule und eine Empfangsspule beschrieben, wobei durch Ströme in der Sendespule eine elektrische Energieübertragung initiiert wird, sodass in der

---

[5] DPMA,   https://depatisnet.dpma.de/DepatisNet/depatisnet?action=pdf&docid=DE0000003689 37A&xxxfull=1, abgerufen am 12.03.2024.

[6] DPMA,   https://depatisnet.dpma.de/DepatisNet/depatisnet?action=pdf&docid=US0000006 49621A, abgerufen am 20.02.2024.

Abb. 9.7 Abb. 1 bis 6 der
DE368937

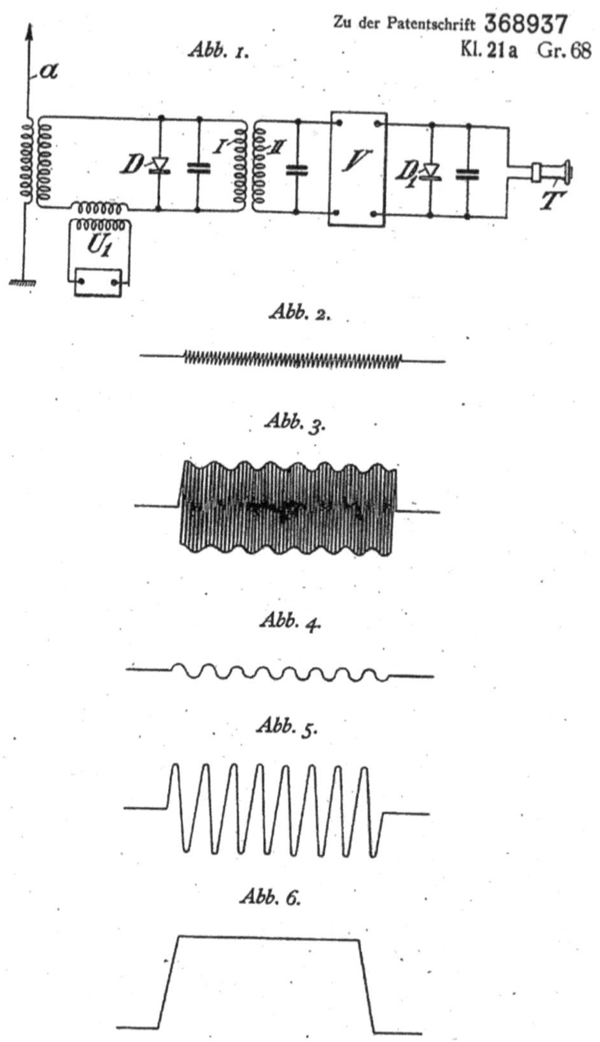

Empfangsspule elektrische Energie empfangen werden kann, um einen Stromkreis mit einem Strom zu versorgen.

In der Abb. 9.8 ist A eine Sekundärwicklung eines Transformators, wobei C die Primärwicklung darstellt. G ist eine Stromquelle, die in die Primärspule C einspeist. Das Empfangsgerät besteht aus einer Primärwicklung A', die die übertragene Energie aufnimmt und einer Sekundärwicklung C', in die die aufgenommene Energie übertragen wird. Die empfangene Energie kann Maschinen oder Motoren M antreiben.

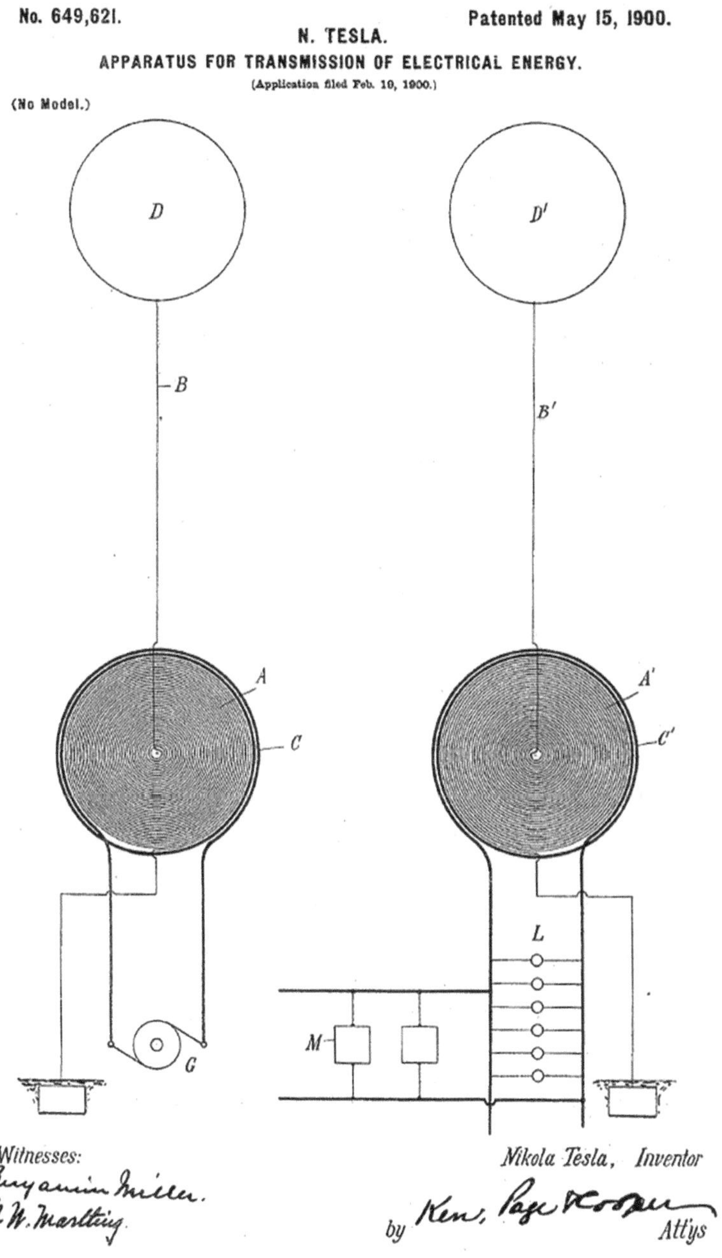
No. 649,621.
Patented May 15, 1900.
N. TESLA.
APPARATUS FOR TRANSMISSION OF ELECTRICAL ENERGY.
(Application filed Feb. 19, 1900.)
(No Model.)
D
D'
B
B'
A
A'
C
C'
L
M
G
Witnesses:
Benjamin Miller.
G. W. Martling.
Nikola Tesla, Inventor
by Ker, Page & Cooper
Att'ys

Abb. 9.8 Figur der US649621

9.6 Fernsehen – Kálmán Tihanyi

Kálmán Tihanyi ist der Erfinder des ersten elektronischen Fernsehers. Die früheren Fernseher benötigten noch mechanische Elemente wie rotierende Scheiben oder Spiegel zur Übertragung eines schemenhaften Fernsehbildes. In seinem Patent GB 313456 A, das das Prioritätsdatum vom 11. Juni 1928 erhalten hat und am 11. Juni 1929 im britischen Patentamt eingereicht wurde, beschreibt Kálmán Tihanyi seine Erfindung.

Der Hauptanspruch lautet:

> *„1. A transmitting and receiving tube, more particularly for electric television apparatus, characterised by the feature that a pencil of electricity carrying rays, for instance a pencil of cathode rays, is caused to move over one or more photoelectric layers so that it strikes each layer successively point by point."*[7]

Der Anspruch beschreibt ein elektrisches Strahlenbündel, das über eine photoelektrische Schicht bewegt wird, und dadurch das Fernsehbild entstehen lässt.

Die Abb. 9.9 zeigt in der Figur 1 eine Sendestation und in der Figur 2 eine Empfangsstation mit dem Kathodenstrahl K_2, der durch elektrisch geladene Platten cc und CC abgelenkt wird und auf den phosphoreszierenden Schirm L trifft.

9.7 Farbfernsehen – Walter Bruch

Walter Bruch ist ein Pionier des Farbfernsehens. Walter Bruch entwickelte das PAL-System, bei dem Farbbilder im Verhältnis 4 zu 3 bei 625 Bildzeilen übertragen wurden. Das PAL-System (Phase Alternating Line) weist eine hervorragende Farbtreue auf und konnte sich dadurch weltweit durchsetzen. Mittlerweile wurde das PAL-System durch digitale Fernsehstandards ersetzt.

Der Vorteil des PAL-Verfahrens ist, dass Farbtonfehler kompensiert wurden. Hierbei wird das rote Farbdifferenzsignal jeder zweiten Bildzeile zur vorhergehenden um 180° phasenverschoben übertragen. Die beiden Zeilen werden verrechnet, wodurch sich ein Farbtonfehler vollständig kompensieren lässt.

Die Abb. 9.10 zeigt in der oberen Darstellung die analoge Quadraturamplitudenmodulation in einem Zeigerdiagramm, die durch das PAL-System realisiert wird. Hierbei ist ein Zeiger mit dem gewünschten Farbton dargestellt, der zur x-Achse einen Winkel von 45° bildet. Der tatsächlich erzeugte Farbton wird durch den Zeiger 1 repräsentiert. Der von 45° abweichende Winkel stellt das Ausmaß des Farbfehlers des Zeigers 1 dar. Es ist daher die Aufgabe, den tatsächlich erzeugten Farbton 1 in die 45° Lage zu bringen.

---

[7] DPMA,   https://depatisnet.dpma.de/DepatisNet/depatisnet?action=pdf&docid=GB0000003 13456A, abgerufen am 23.02.2024.

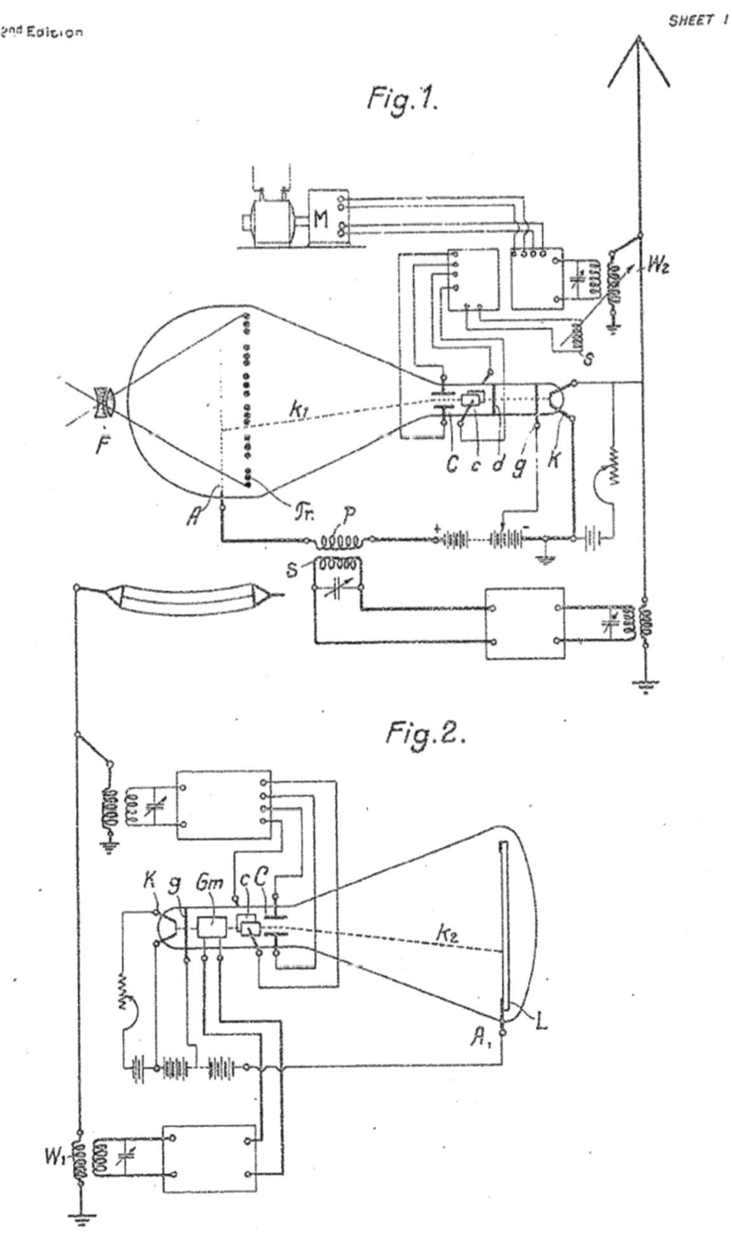

Abb. 9.9 Fig. 1 und 2 der GB313456

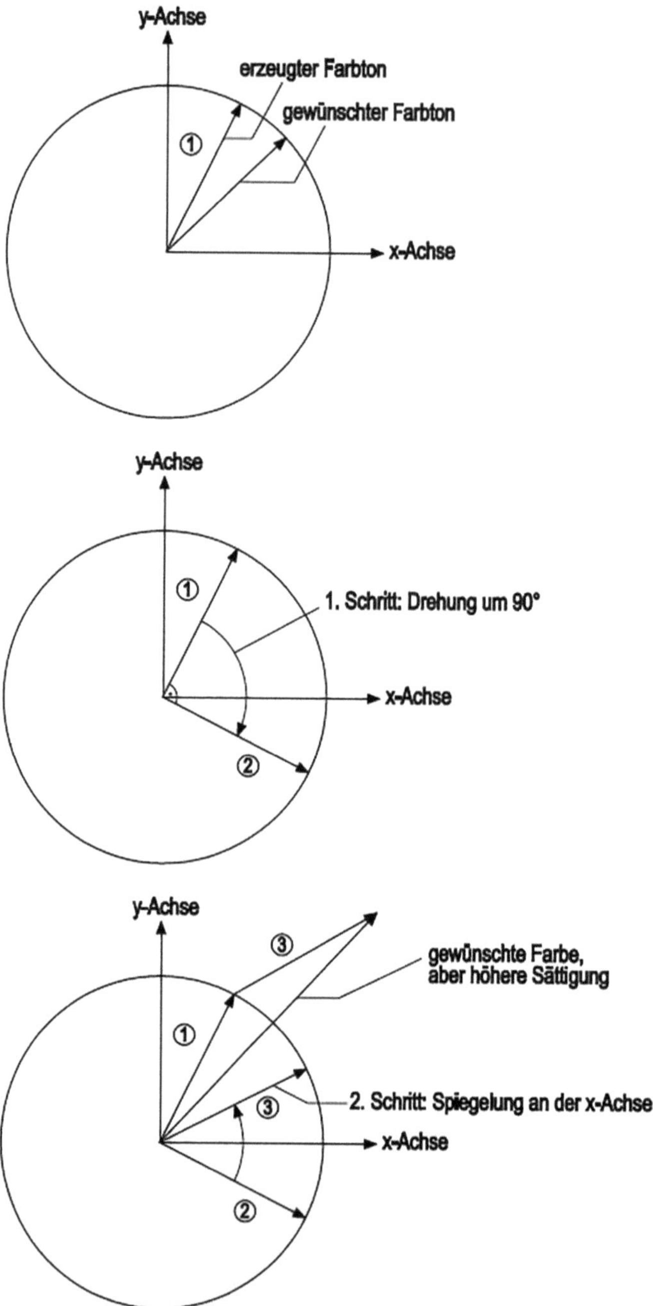

Abb. 9.10   PAL-Farbfernsehverfahren

In der mittleren Darstellung ist dargestellt, dass der erzeugte Farbton 1 um 90° in den Zeiger 2 gedreht wird. In der unteren Darstellung ist verdeutlicht, dass der gedrehte Farbton 2 an der x-Achse gespiegelt wird und den Zeiger 3 ergibt. Eine Addition der Zeiger 1 und 3 ergeben einen Zeiger mit 45° zur x-Achse, also den gewünschten Farbton. Allerdings hat sich durch die Addition der Zeiger 1 und 3 ein längerer Zeiger ergeben, was einer höheren Farbsättigung entspricht. Eine Änderung der Farbsättigung ist jedoch deutlich weniger störend im Vergleich zu starken Farbwechseln. Das ist der Grund, warum sich das PAL-System als Farbfernsehstandard durchsetzen konnte.

In seinem Patent DE1252731 beschreibt Bruch seine Erfindung. Der Hauptanspruch lautet:

„1. Farbfernsehempfänger für ein simultanes Farbfernsehsystem mit Zeilensprung, bei dem der Farbträger mit einem ersten Farbsignal und der von Zeile zu Zeile abwechselnd um +90° und −90° phasengedrehte Farbträger mit einem zweiten Farbsignal amplitudenmoduliert sind, die Übertragung mit unterdrücktem Farbträger erfolgt und im Empfänger zur Demodulation der trägerfrequenten Farbsignale der Träger in den bei den Modulationen im Sender angewendeten Phasenlagen wieder zugesetzt wird, dadurch gekennzeichnet, daß zum elektronischen Ausgleich von auf dem Übertragungsweg entstandenen Phasenfehlern jedes der beiden Farbsignale träger- oder videofrequent (Fig. 3 bzw. 2) mit dem ihm entsprechenden um Zeilendauer verzögerten Farbsignal zur Mittelwertbildung addiert wird. "[8]

In dem Anspruch wird gerade die Mittelwertbildung beschrieben, die sich in der Abb. 9.10 als das Addieren der Zeiger 1 und 3 darstellt.

9.8 Fernbedienung – Robert Adler

Robert Adler (geboren am 4. Dezember 1913; gestorben am 15. Februar 2007) ist der Vater der Fernbedienung. In seinem Patent US 2,817,025 A beschreibt er seine Erfindung. Das Besondere an seiner Fernbedienung ist, dass sie ohne Batterien oder eine sonstige Energieversorgung auskommt. In der erfindungsgemäßen Fernbedienung befinden sich Klangkörper, die durch die Tasten der Fernbedienung zur Schwingung angeregt werden. Hierzu sind kleine Hämmerchen vorgesehen, die auf Stäbchen schlagen und so Ultraschalltöne erzeugen. Die Töne werden vom Empfangsgerät decodiert.

Der Hauptanspruch des Patents lautet:

„1. A control system, adapted for remote actuation by an ultra-sonic signal of predetermined minimum amplitude and duration within a predetermined restricted frequency range, for controlling an electrical circuit actuatable between at least two different operating conditions,

---

[8] DPMA, https://depatisnet.dpma.de/DepatisNet/depatisnet?action=pdf&docid=DE0000012527 31B&xxxfull=1, abgerufen am 13.03.2024.

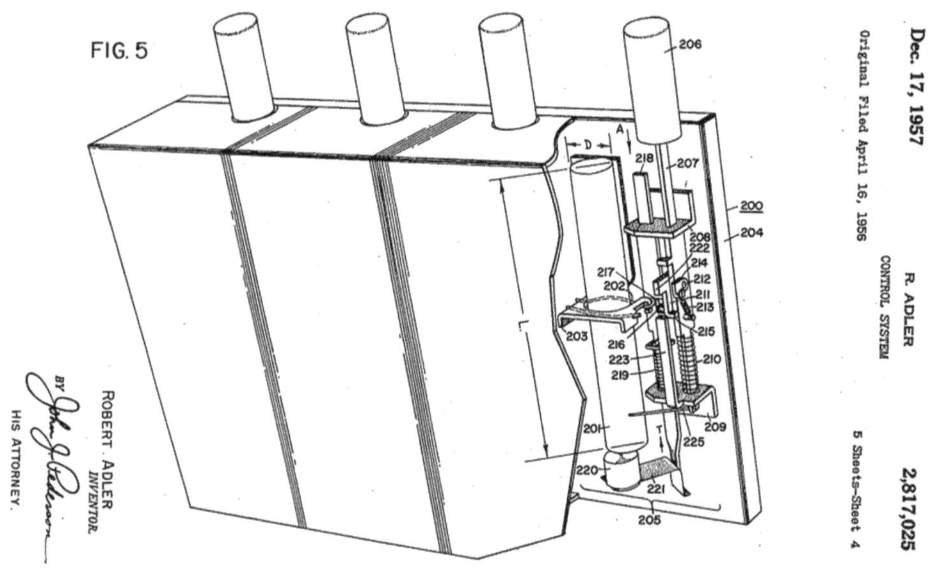

Abb. 9.11   Fig. 5 der US2817025

*said control system comprising: means, comprising an input circuit including a microphone
and a limiter coupled to said input circuit, for generating an amplitude-limited electrical
signal having a predetermined frequency equal to an integral multiple, greater than one, of the
frequency of said ultra-sonic signal; means coupled to said limiter for developing a control
signal only in response to a signal of predetermined minimum duration and duty cycle within
a restricted frequency band including the frequency of said amplitude-limited signal, thereby
distinguishing said amplitude-limited signal from extraneous signals, both within and without
said frequency band, which may appear in the output of said limiter; and means coupled to
said last-mentioned means for utilizing said control signal to actuate said electrical circuit
between its different operating conditions.* "[9]

In dem Anspruch wird beschrieben, dass eine Fernbetätigung Ultraschallsignale erzeugt,
die eine elektrische Schaltung steuern.

Die Abb. 9.11 zeigt ein Sendegerät zur Fernbedienung mit einem akustischen Bereich
205, in dem ein stabförmiges Schwingungselement 201 angeordnet ist. Das Schwingungselement 201 hat eine genau bestimmte Länge und einen definierten Durchmesser, sodass
eine Schwingung einen Ton in der gewünschten Frequenz erzeugt. Das Sendegerät weist
einen Druckknopf 206 auf, der einen Hammer 220 betätigt, sodass das Schwingungselement 201 zur Schwingung angeregt wird. Hierdurch werden Ultraschalltöne erzeugt, die
vom Empfangsgerät detektiert werden.

---

[9] DPMA,   https://depatisnet.dpma.de/DepatisNet/depatisnet?action=pdf&docid=US0000028
17025A, abgerufen am 23.02.2024.

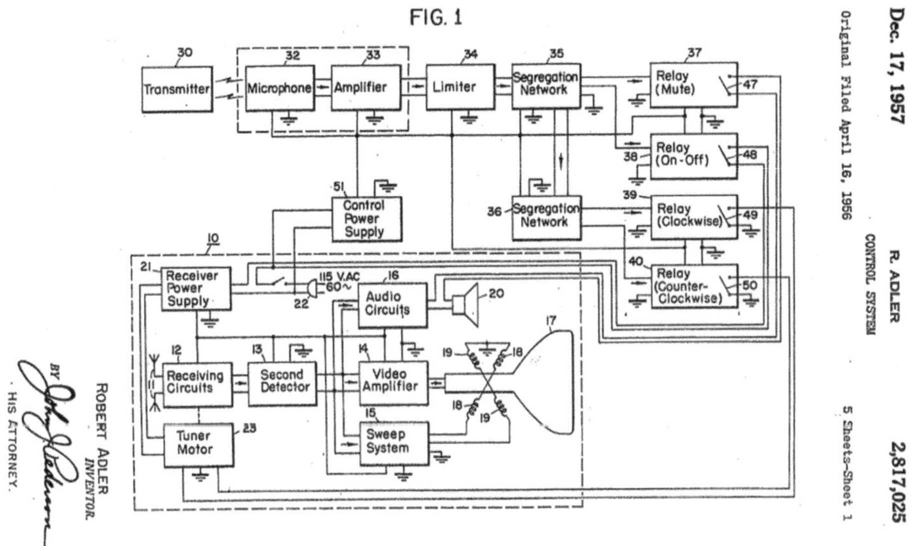

Abb. 9.12 Fig. 1 der US2817025

Die Abb. 9.12 zeigt das Empfangsgerät, das vom Sendegerät 30 (Transmitter) Ultraschalltöne erhält. Diese Töne werden von einem Mikrophon 32 empfangen und in einem Verstärker 33 in ihrer Amplitude verstärkt.

9.9 Radar – Christian Hülsmeyer

Der Erfinder des Radars ist Christian Hülsmeyer (geboren am 25. Dezember 1881; gestorben am 31. Januar 1957). In seinem Patent DE 165546, das am 30. April 1904 erteilt wurde, beschreibt er seine Erfindung, die er „Telemobiloskop" nannte.

Der Hauptanspruch lautet:

„1. Verfahren, um entfernte metallische Gegenstände mittels elektrischer Wellen einem Beobachter zu melden, dadurch gekennzeichnet, daß die von dem Geber des Beobachters ausgesandten elektrischen Wellen dazu benutzt werden, den an demselben Ort empfindlichen Empfänger zu beeinflussen, indem dieselben von dem entfernten metallischen Gegenstande reflektiert und zu dem in einem Hohlschirm angeordneten oder auf dem Schiffe in den Hanfseilen isoliert eingeflochtenen und die Takelage bildenden Antennensystem gelangen können und so den auf der Kommandobrücke befindlichen Kohärer bzw. Signalapparat beeinflussen."[10]

[10] DPMA,   https://depatisnet.dpma.de/DepatisNet/depatisnet?action=pdf&docid=DE0000001
65546A, abgerufen am 20.02.2024.

Abb. 9.13 Fig. 1 der
DE165546

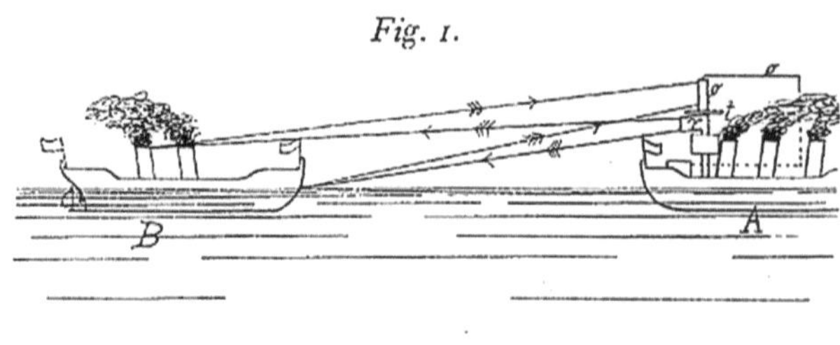

Der Anspruch beschreibt das Senden von elektrischen Wellen, die an entfernten Gegenständen reflektiert werden. Die reflektierten Wellen werden ausgewertet, wodurch das Vorhandensein und der Abstand zu diesen Gegenständen festgestellt werden kann. Zur Auswertung der reflektierten Wellen sah Hülsmeyer einen Kohärer vor.

In der Abb. 9.13 ist ein Dampfer A dargestellt, der das Schiff B durch das Ausstrahlen und Auswerten reflektierter Wellen erkennt.

Die Abb. 9.14 zeigt in der Figur 2 einen Projektionskasten l, der die elektromagnetischen Wellen gerichtet abstrahlt. Mit dem Auffangdraht o können die reflektierten Wellen empfangen werden.

9.10   Mobiltelefon – Martin Cooper

Martin Cooper (geboren am 26. Dezember 1928) ist der Erfinder des Mobiltelefons. In seinem Patent DE 2365043 B2, das am 28. Dezember 1973 beim deutschen Patentamt eingereicht wurde, beschreibt er eine Funk-Telefon-Anordnung mit einer Zentralstation und einer Mehrzahl von beweglichen Telefon-Teilnehmer-Stationen.

Der Hauptanspruch der Patentschrift lautet:

> *„1. Funk-Telefon-Anordnung mit einer Zentralstation und einer Mehrzahl von innerhalb eines vorgegebenen Bereichs beweglichen Telefon-Teilnehmer-Stationen, die jeweils über wenigstens eine Basisstation mit der Zentralstation zu verbinden sind, wobei der Bereich in feste Bezirke unterteilt ist und in jedem Bezirk eine der Basisstationen angeordnet ist, und wobei eine Auswahleinrichtung vorhanden ist, welche für eine Telefon-Teilnehmer-Station diejenige Basisstation zur Kommunikation auswählt, welche die größte Signalstärke gewährleistet, dadurch gekennzeichnet, daß jeder Bezirk (10a; 20a; ...; 70a) in Unterbezirke (12a ... 17a; 22a... 27a;...; 72a... 77a,) unterteilt ist, daß in jedem Unterbezirk eine Satelliten-Basisstation (110, 112,114; 116,118,120; 122,124,126) angeordnet ist, daß die Reichweite jeder Basisstation (102; 104; 106) auf den zugehörigen Bezirk abgestimmt ist, daß die Reichweite jeder Satelliten-Basisstation auf den zugehörigen Unterbezirk abgestimmt ist, daß die Reichweite jeder Telefon-Teilnehmer-Station (132; 134; 136) auf die Größe eines Unterbezirks abgestimmt ist und daß im Grenzbereich zwischen zwei benachbarten Bezirken (z. B. 10a, 20a,)*

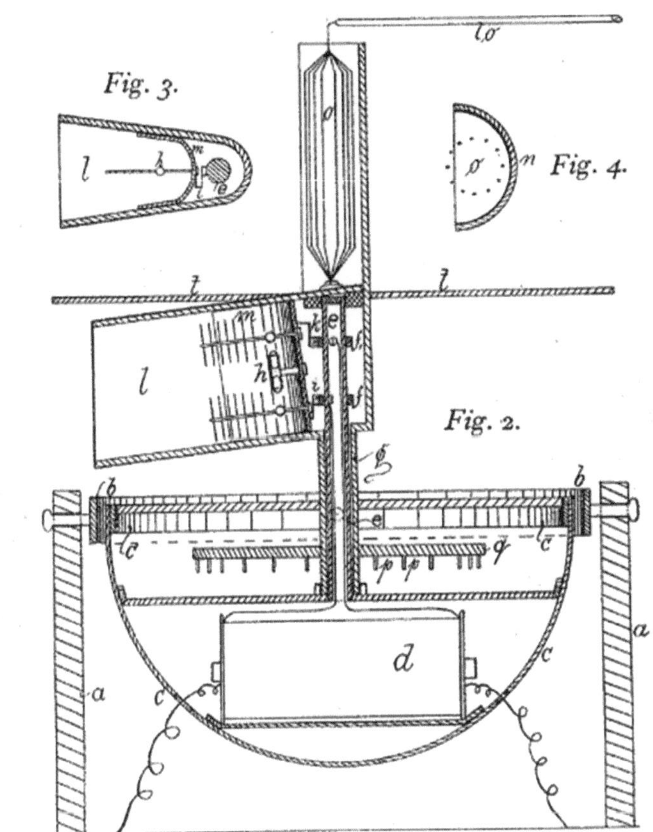

Abb. 9.14   Fig. 2, 3 und 4 der DE165546

ein Unterbezirk (12a + 25a) jeweils einen Teil (12a bzw. 25a) der benachbarten Bezirke (10a, 20a) überlappt. [11]

Die Abb. 9.15 zeigt das erfindungsgemäße Funk-Telefonsystem mit Mobiltelefonen 132, die sich in Basisstationen 102, 104 und 106 einwählen und von diesen Signale übermittelt erhalten. Die Mobiltelefone 132, 134 und 136 senden ihre Nachrichten an Empfängerstationen 110, 112 und 114 bzw. 116, 118, 121 bzw. 122, 124, 126. Die Empfängerstationen sind den jeweiligen Basisstationen zugeordnet.

---

[11] DPMA,   https://depatisnet.dpma.de/DepatisNet/depatisnet?action=pdf&docid=DE0000023650 43B2&xxxfull=1, abgerufen am 16.02.2024.

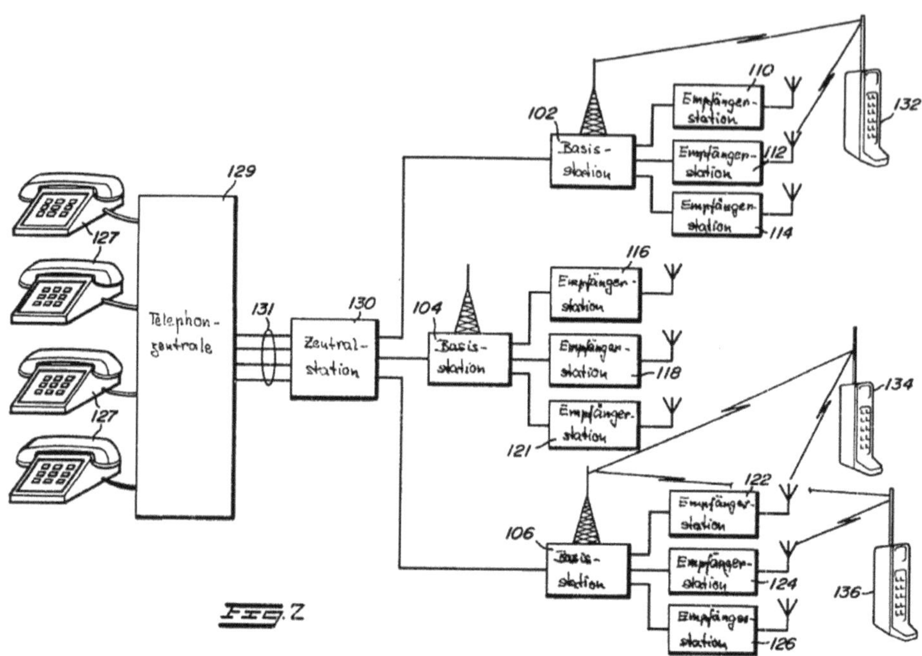

Abb. 9.15   Fig. 2 der DE2365043B2

9.11   Autoantenne – Heinz Lindenmeier

Heinz Lindenmeier ist ein Wegbereiter der modernen Autoantennen. In seinem Patent
DE 4318869 C2 „Funkantennen-Anordnung auf der Fensterscheibe eines Kraftfahrzeugs
und Verfahren zur Ermittlung ihrer Beschaltung", die am 7. Juni 1993 beim Patentamt
eingereicht wurde, beschreibt er seine Erfindung. Lindenmeier entwickelte fahrzeugin-
tegrierte Antennen für Autos, die zumeist in den Fensterscheiben untergebracht waren.
Lindenmeier erkannte, dass Fahrzeugantennen nicht gesehen werden sollen. Sie soll-
ten stattdessen in dem betreffenden Fahrzeug derart integriert werden, dass ein Teil des
Fahrzeugs selbst zur Antenne wird.

Der Hauptanspruch des Patents DE 4318869 C2 lautet:

*„1. Funkantennen-Anordnung für Funkverbindungen mit terrestrischen Funkstellen für
Dezimeter- und/oder Zentimeterwellen, mit einem auf einer geneigten Fensterscheibe in einer
elektrisch leitenden Fahrzeugkarosserie angebrachten Strahler, der aus einem auf der Außenseite der Fensterscheibe (1) angebrachten, von dieser abragenden Antennenelement (3) und
einem auf der Fensterscheibe angebrachten Antennengegengewicht (4) besteht, und mit einer
Strahleranschlußstelle (2), dadurch gekennzeichnet,*

– *daß mindestens ein weiterer ebenfalls aus einem auf der Außenseite der Fensterscheibe (1) und von dieser abragend angebrachten Antennenelement (3) und einem auf der Fensterscheibe (1) angebrachten Antennengegengewicht (4) bestehender Strahler (10) vorhanden ist,*

– *daß eine hinsichtlich des gewünschten Strahlungsdiagramms nicht vernachlässigbare Strahlungsverkopplung der Strahler mit benachbarten Teilen der leitenden Fahrzeugkarosserie gegeben ist, so daß diese Teile als Teil der Antennenanordnung wirksam wird,*

– *daß jeder weitere Strahler (10) entweder eine Strahleranschlußstelle (2) aufweist (primärer Strahler) oder aber nur durch Strahlungsverkopplung mit mindestens einem eine Strahleranschlußstelle (2) aufweisenden Strahler (10) verkoppelt ist (sekundärer Strahler),*

– *daß die Gesamtheit der Strahler (10) eine Gruppenantenne bildet, deren primärer Strahler bzw. deren primäre Strahler mit einer Antennenanschlußstelle (6) in Verbindung stehen,*

– *daß, wenn die Gruppenantenne mehr als einen primären Strahler enthält, ein Netzwerk (7) vorhanden ist, das die Antennenanschlußstelle (6) und die vorhandenen Strahleranschlußstellen (2) enthält und die Antennenanschlußstelle (6) mit der bzw. den Strahleranschlußstellen (2) verbindet,*

– *daß das Netzwerk (7) so gestaltet ist und/oder in die Antennenelemente Blindwiderstände (14) derart eingefügt sind, daß bei vorgegebener Positionierung der Strahler auf der Fensterscheibe (1) spezifische Stromverteilungen nach Betrag und Phase auf den Antennenelementen (3) erzeugt werden, so daß unter Einbeziehung der Strahlungsverkoppelung mit der Fahrzeugkarosserie im Mittel eine erhöhte Bündelung der Strahlung in vertikaler Richtung zugunsten kleiner Elevationswinkel sich ergibt und dabei möglichst geringe Einzüge des horizontalen Strahlungsdiagramms auftreten.*"[12]

In dem Anspruch wird beschrieben, wie die Antenne in der Fensterscheibe eines Fahrzeugs zu integrieren ist.

Die Abb. 9.16 zeigt in der Figur 1 die erfindungsgemäße Funkantennen-Anordnung, wobei zwei Antennen 3 auf der Fensterscheibe 1 angeordnet sind. Die Karosserie des Fahrzeugs ist mit 8 gekennzeichnet.

Die Abb. 9.17 zeigt drei Antennen 2 und radial angeordnete Drähte 20, die als Massen-Gegenpol für die Antennen 2 wirken.

---

[12] DPMA, https://depatisnet.dpma.de/DepatisNet/depatisnet?action=pdf&docid=DE0000043188 69C2, abgerufen am 24.02.2024.

Abb. 9.16 Fig. 1 und 2a der DE4318869C2

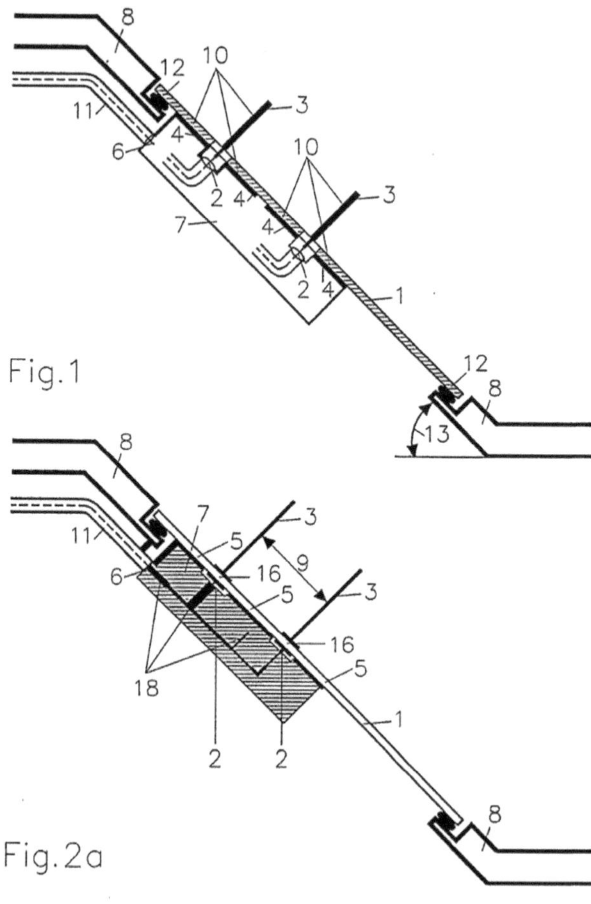

Abb. 9.17 Fig. 4 der DE4318869C2

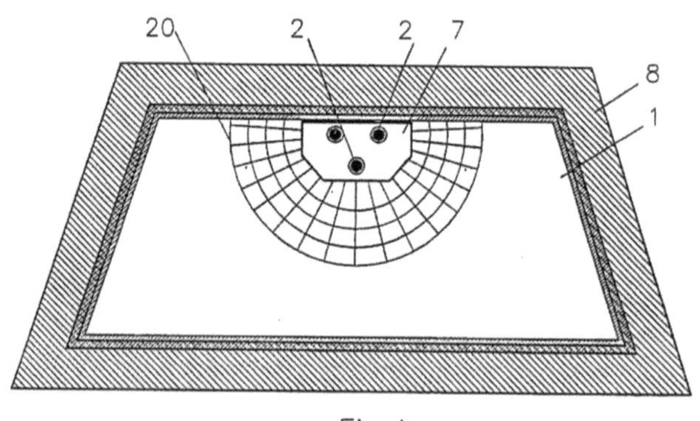

Die Leistungselektronik befasst sich mit der Umformung elektrischer Energie. Hierzu werden besonders robust ausgelegte elektronische Bauelemente verwendet.

10.1 Steuerbares elektrisches Ventil

In der Patentschrift DE 317598, die am 23. Juli 1913 erteilt wurde, wird ein steuerbares elektrisches Ventil beschrieben, das als GateTurnOff-Ventil funktioniert. Ein GateTurnOff-Ventil weist eine Elektrode auf (Gate), mit der der Stromfluss unterbrochen werden kann (TurnOff).

Der Hauptanspruch des Patents lautet:

> *„Elektrische Sperrzelle mit an sich unbestimmter Stromrichtung, bestehend aus einem oder mehreren in Vakuumgefäßen erzeugten Lichtbögen, die zur periodischen Unterbrechung des Stromes in beliebig wählbarer, gegebenenfalls von äußeren Verhältnissen abhängiger Richtung von Magneten beeinflußt werden, gekennzeichnet durch eine derartige Anordnung jedes einzelnen Lichtbogens, daß ein Ausweichen des Lichtbogens aus dem zugehörigen magnetischen Feld, gegebenenfalls auch ein Hinübergleiten des Lichtbogens von einer Elektrode zu einer anderen vermieden wird. "*[1]

In dem Anspruch ist beschrieben, dass ein Lichtbogen zum Schließen eines Stromkreises verwendet wird und das Beenden des Stromflusses durch das Löschen des Lichtbogens

---

[1] DPMA, https://depatisnet.dpma.de/DepatisNet/depatisnet?action=pdf&docid=DE0000003 17598A, abgerufen am 13.03.2024.

107

T. H. Meitinger, *Elektronik. Hightech in Patenten*, https://doi.org/10.1007/978-3-662-69755-9_10

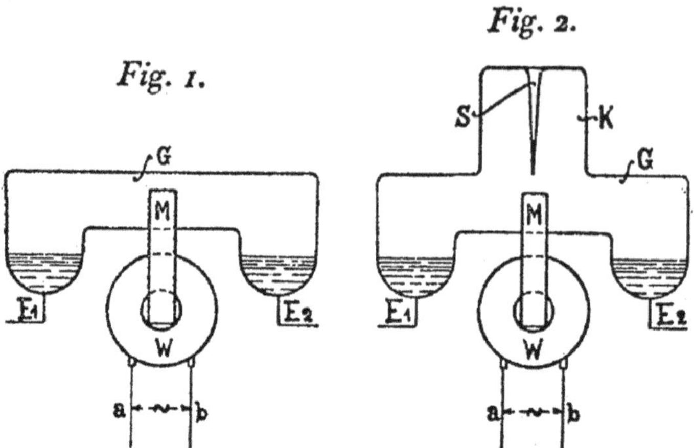

Abb. 10.1 Fig. 1 und 2 der DE317598

erfolgt. Hierbei soll der Einfluss eines Magneten zur Geltung kommen. Der Lichtbogen wird in einem evakuierten Gefäß erzeugt.

Die Abb. 10.1 zeigt in der Figur 1 ein Vakuumgefäß G, in dem Elektroden E_1 und E_2 angeordnet sind. Der Magnet M weist eine Wicklung W auf, mit dem in dem Magneten ein magnetischer Fluss erzeugt wird.

Die Abb. 10.1 zeigt in der Figur 2 eine erfindungsgemäße Sperrzelle mit einer Schneide S. Ergibt sich zwischen den Elektroden E1 und E2 ein Lichtbogen mit einem Stromfluss, umgibt den Lichtbogen ein magnetisches Feld. Der Magnet M kann so geschaltet werden, dass sich die Magnetfelder des Magneten M und des Lichtbogens abstoßen. Auf diese Weise wird der Lichtbogen nach außen gedrängt. Wird der Lichtbogen weit genug nach außen gedrängt, unterbricht die Scheide S den Lichtbogen und der Stromfluss ist unterbrochen.

10.2   Gesteuerter Stromrichter und Umrichter – Friedrich Wilhelm Meyer

Friedrich Wilhelm Meyer ist der Erfinder von „Emissions- und Entladungsapparaten für Zwecke der technischen Elektronik, im Besonderen für die Regelung und Steuerung elektrischer Maschinenkreise" (Titel seines Patents DE431596). In seinem Patent DE431596, das am 29. Januar 1921 erteilt wurde, beschreibt er seine Erfindung. Stromrichter können insbesondere einen Wechselstrom in einen Gleichstrom umwandeln. Ein Umrichter kann insbesondere einen Wechselstrom in einen Wechselstrom mit unterschiedlicher Frequenz wandeln.

Abb. 10.2 Abb. 1 der
DE431596

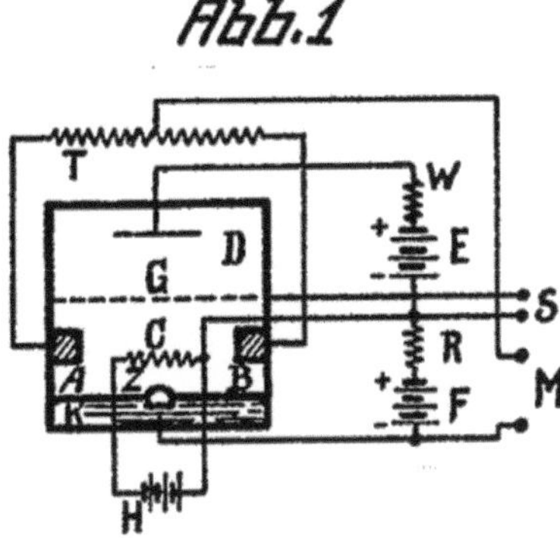

Die Abb. 10.2 zeigt die erfindungsgemäße Vorrichtung als gesteuerter Stromrichter und
Umrichter mit einer Kathode K und zwei Anoden A und B. Durch diese Vorrichtung kann
eine Maschine M geregelt werden. Ein Lichtbogen, und damit ein Stromfluss, kann durch
die Glühkathode C, das Gitter G und die Anode D entstehen. Mit der Batterie H kann die
Glühkathode C erhitzt werden, damit Elektronen in der Glühkathode C eine ausreichende
Energie erhalten, und die Glühkatode C verlassen können. Diese freien Elektronen werden
von der Anode D angezogen und fliegen durch die Röhre, in der sich Quecksilberdampf
befindet. Diese Elektronen sind dazu da, durch Aufprall auf Quecksilberatome diese zu
ionisieren, sodass sich freie Elektronen und positiv geladene Ionen ergeben. Die positiv
geladenen Ionen sind im Vergleich zu den Elektronen deutlich schwerer. Wird an das
Gitter G eine positive Ladung gelegt, werden die positiv geladenen Ionen zur Kathode
K geschleudert. Beim Aufprall der schweren Ionen wird die Kathode K derart erhitzt,
dass sich ein Lichtbogen zwischen der Kathode K und der Anode A oder B ergibt. Mit
dem Gitter G bzw. dem Stromkreis S kann daher die Zündung des Stromflusses gesteuert
werden.[2]

10.3 Thyristor

Ein Thyristor ist ein Halbleiterbauelement, das eine Gate-Elektrode aufweist, mit der
der Thyristor leitend geschaltet werden kann. Hierzu genügt ein kleiner Strom. Ist der
Thyristor einmal eingeschaltet, bleibt er leitend, auch wenn an der Gate-Elektrode keine
Spannung mehr anliegt und daher kein Strom eingespeist wird. Der Thyristor unterbricht
den Stromfluss erst, wenn der Stromfluss eine Schwelle, den sogenannten Haltestrom,
unterschreitet.

---

[2] DPMA,   https://depatisnet.dpma.de/DepatisNet/depatisnet?action=pdf&docid=DE0000004
31596A, abgerufen am 14.03.2024.

Abb. 10.3 Fig. 1 und 2 der
AT130102

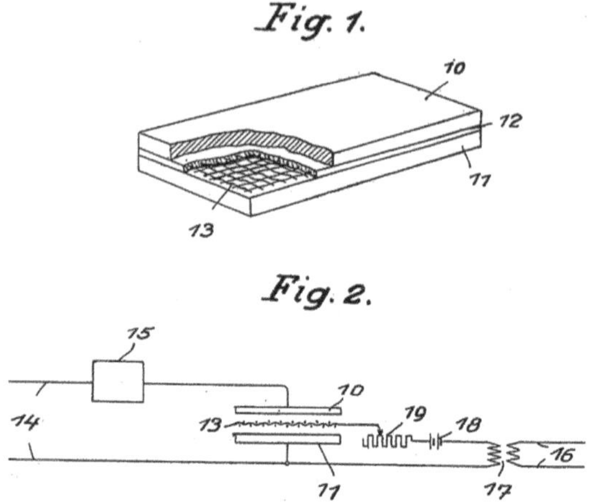

In der AT 130102, die am 11. Juli 1930 beim Patentamt eingereicht wurde, wird
ein „Kontaktgleichrichter mit zwei durch eine Sperrschicht getrennte Metallelektroden"
beschrieben. Der Hauptanspruch lautet:

> *„1. Kontaktgleichrichter mit zwei durch eine Sperrschicht getrennten Metallelektroden,
> dadurch gekennzeichnet, dass in der Sperrschicht zwischen den Hauptelektroden eine
> Steuerelektrode untergebracht ist. "*[3]

Die Abb. 10.3 zeigt in der Figur 1 den Aufbau des erfinderischen Bauelements mit einer
ersten Metallplatte 10 und einer zweiten Metallplatte 11, wobei die Metallplatten 10 und
11 die Elektroden darstellen. Die beiden Metallplatten 10 und 11 werden durch eine
Zwischenschicht 12 voneinander getrennt. Außerdem liegt zwischen den Metallplatten 10
und 11 eine Steuerelektrode 13.

In der Figur 2 der Abb. 10.3 ist eine schematische Darstellung des erfinderischen Bau-
teils gezeigt, bei dem eine Wechselspannung 14 an einem Verbraucher 15, beispielsweise
einem Motor, angeschlossen ist, wobei das erfinderische Bauteil als Schalter wirkt. Die
Stromstärke, die durch das erfinderische Bauteil fließt, kann durch die Spannung an der
Steuerelektrode 13 eingestellt werden.

10.4   Leistungs-MOSFET – Becke/Wheatley

Ein Leistungs-MOSFET oder Power-MOSFET ist ein Feldeffekttransistor, der für das
Steuern hoher elektrischer Ströme und Spannungen ausgelegt ist. Ein alternatives Bauteil
zum Schalten hoher Leistungen stellt ein IGBT (Isolated-Gate-Bipolartransistor) dar.

---

[3] DPMA,   https://depatisnet.dpma.de/DepatisNet/depatisnet?action=pdf&docid=AT0000001
30102B, abgerufen am 14.03.2024.

Abb. 10.4 Fig. 2 der
US4364073

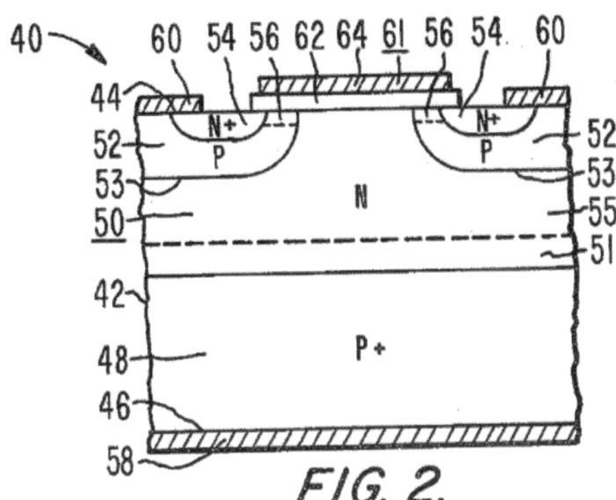

Hans W. Becke und Carl F. Wheatley sind Wegbereiter des modernen Leistungs-MOSFETS. In der Patentschrift US 4,364,073, die am 14. Dezember 1982 erteilt wurde, beschreiben sie ihre Entwicklung.
Der Hauptanspruch lautet:

„1. A vertical MOSFET device, comprising:

a semiconductor substrate, including in series, adjacent source, body, drain and anode regions of alternate conductivity type;

the body region being adjacent to a surface of the substrate;

the source and drain regions being spaced so as to define a channel portion in the body region at said surface;

the source, body and drain regions having a first forward current gain α_1 and the anode, drain and body regions having a second forward current gain α_2, such that the sum $\alpha_1 + \alpha_2$ is less than unity, and no thyristor action occurs under any device operating conditions. "[4]

Der Hauptanspruch beschreibt eine besondere Struktur eines Halbleiters mit einem Source-, einem Body-, einem Drain- und einem Anodenbereich.

Die Abb. 10.4 zeigt den erfindungsgemäßen Leistungs-MOSFET 40, wobei ein Drain-Bereich 50 über einer Anode 48 angeordnet ist. Außerdem sind zwei Body-Bereiche 52 vorhanden, die durch den Drain-Bereich 50 voneinander getrennt werden. Zwischen den Body-Bereichen 52 und dem Drain 50 ergeben sich pn-Übergänge 53. Außerdem sind Source-Bereiche 54 innerhalb der Body-Bereiche 52 vorhanden. Die Source-Bereiche 54 zusammen mit den Body-Bereichen 52 definieren Kanalabschnitte 56. Zusätzlich ist eine Elektrode als Drain-Anschluss 58 ausgebildet. Das Bauteil hat Source-Elektroden 60 und ein Gate 61.

---

[4] DPMA,   https://depatisnet.dpma.de/DepatisNet/depatisnet?action=pdf&docid=US0000043 64073A, abgerufen am 14.03.2024.

Bei diesem Aufbau erkennt man, dass hochdotierte n-Bereiche 54 in p-dotierten Bereichen 52 eingebettet sind. Diese Struktur entspricht derjenigen des konventionellen MOSFETs, wobei jedoch durch die besondere Anordnung der Strom vertikal und nicht horizontal wie bei dem MOSFET für kleine Ströme fließt. Deswegen sind oben die Source-Anschlüsse 60 und unten ist die Drain-Elektrode 58. Durch die vertikale Ausführung wird für einen einzelnen MOSFET weniger Raum beansprucht und es können in einem Bauteil sehr viele MOSFETS parallel angeordnet werden. Durch diesen strukturellen Aufbau mit einer hohen Anzahl an parallel geschalteten MOSFETS kann der resultierende ON-Widerstand R_{DSOn}, also der Widerstand von dem gemeinsamen Drain-Anschluss zum Source-Anschluss im eingeschalteten Zustand, klein gehalten werden. Das ist bei einem Leistungsbauteil, bei dem hohe Ströme fließen, wichtig, denn es gilt: Leistung = Spannung • Strom und mit Spannung = Widerstand • Strom ergibt sich die Leistung zu P = Widerstand • Strom^2. Ist der Widerstand bei hohem Stromfluss hoch, wird daher in dem betreffenden Bauteil eine hohe Leistung, und damit Erwärmung, erzeugt und das Bauteil droht durchzubrennen. Aus diesem Grund müssen Leistungsbauteile im eingeschalteten Zustand einen geringen Widerstand aufweisen.

10.5 Triac – James D. Plummer

James D. Plummer ist der Erfinder des Triacs. Ein Thyristor kann einen Strom nur in eine Richtung steuern, sprich: einschalten. In der entgegengesetzten Richtung ist ein Stromfluss aufgrund der Diodeneigenschaft ausgeschlossen. Im Gegensatz dazu kann ein Triac Stromflüsse in beide Richtungen steuern. Ein Triac kann als eine Parallelschaltung von zwei Thyristoren aufgefasst werden, wobei diese entgegengesetzt ausgerichtet sind (antiparallel).

In der US 4,199,774, die am 22. April 1980 zum Patent erteilt wurde, beschreibt James Plummer die Essenz seiner Erfindung.

Der Hauptanspruch lautet:

„1. A monolithic semiconductor device comprising:

a semiconductor body having at least one major surface and

a body region adjacent to said surface of one conductivity type, first and second spaced regions of opposite conductivity type formed in said body region and abutting said major surface, third and fourth regions of said one conductivity type formed in said first and second regions, respectively, abutting said major surface and defining first and second channel regions in said first and second regions, respectively,

a layer of insulation on said major surface,

a gate electrode formed on said layer of insulation and above said first and second channel regions, an ohmic contact to said first and third regions, and an ohmic contact to said second and fourth regions. "[5]

Die Abb. 10.5 zeigt oben zwei antiparallel geschaltete Thyristoren. Der linke Thyristor ergibt eine Abfolge von P-N-P-N-Halbleitern, wobei das Gate am oberen N-Halbleiter angeschlossen ist. Der rechte Thyristor weist eine Abfolge von N-P-N-P-Halbleitern auf, wobei das Gate am oberen P-Halbleiter angeschlossen ist. Die untere Darstellung stellt schematisch den Aufbau eines Triacs dar, wobei der 1. Pfad durch den Triac eine Abfolge von P-N-P-N-Halbleitern ergibt. Das entspricht genau der Struktur des linken Thyristors. Der 2. Pfad durch den Triac führt zu einer Abfolge von N-P-N-P-Halbleitern, was dem Aufbau des rechten Thyristors entspricht. Ein Triac weist daher die Struktur von zwei antiparallel geschalteten Thyristoren auf.

---

[5] DPMA,   https://depatisnet.dpma.de/DepatisNet/depatisnet?action=pdf&docid=US0000041 99774A, abgerufen am 14.03.2024.

Abb. 10.5 Struktur eines Triacs

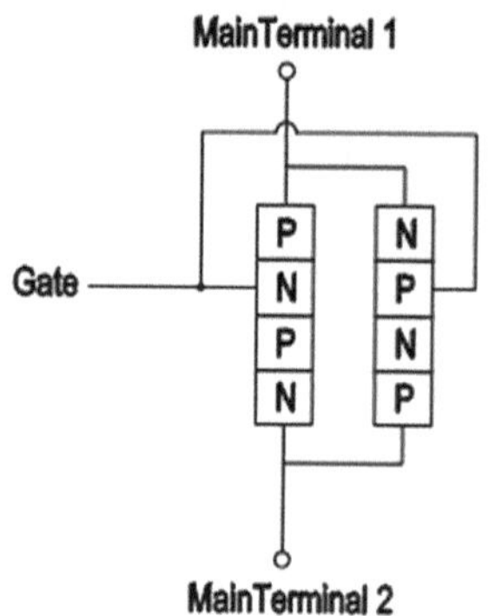

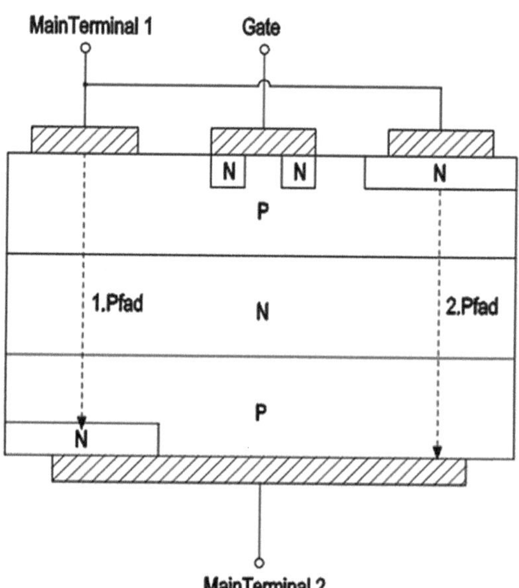

Elektromotor

11

Mit einem Elektromotor kann elektrische Energie in mechanische Leistung gewandelt werden.

11.1 Drehstrom-Synchronmotor – Nikola Tesla

Nikola Tesla (geboren am 10. Juli 1856; gestorben am 7. Januar 1943) ist der Erfinder der Drehstrom-Synchronmaschine. In seinem Patent US 381968, das am 1. Mai 1888 erteilt wurde, beschreibt er seinen Induktionsmotor. Diese Erfindung stellt eine der wichtigsten Entwicklungen des Genies Nikola Tesla dar.

Bei einem Drehstrom liegen drei Ströme vor, die zeitlich zueinander verschoben sind, also zu unterschiedlichen Zeitpunkten ihre Hochs und Tiefs erreichen. Diese Ströme sind daher phasenverschoben.

Der Hauptanspruch des Patents lautet:

„1. The combination, with a motor containing separate or independent circuits on the armature or field-magnet, or both, of an alternating current generator containing induced circuits connected independently to corresponding circuits in the motor, whereby a rotation of the generator produces a progressive shifting of the poles of the motor, as herein described.“[1]

---

[1] DPMA, https://depatisnet.dpma.de/DepatisNet/depatisnet?action=pdf&docid=US0000003 81968A, abgerufen am 15.03.2024.

T. H. Meitinger, *Elektronik. Hightech in Patenten*,
https://doi.org/10.1007/978-3-662-69755-9_11

In dem Anspruch wird ein Motor beschrieben, der Spulenwicklungen auf dem Rotor (Läufer) und in dessen Umgebung (Stator) aufweist, wobei offenbar wird, dass eine Drehung der Magnetfelder zu einer Rotation des Läufers führt.

Die Abb. 11.1 zeigt oben drei Ströme I_U, I_V und I_W eines Drehstromsystems, die phasenverschoben sind. Diese Ströme werden in die Spulen der unteren Anordnung eingespeist und ergeben ein sich drehendes resultierendes magnetisches Feld, das den Permanentmagneten mitzieht und damit um seine Achse rotieren lässt, sodass die mechanische Leistung des Drehstrommotors entsteht. Statt eines Permanentmagneten kann ein Elektromagnet verwendet werden.

Die Abb. 11.2 zeigt die Figur 13 der Patentschrift mit dem Dauermagneten D der sich in den sich ändernden Magnetfeldern der Statorspulen G´ befindet und dadurch zum Rotieren um seine Achse a gebracht wird.

Abb. 11.1 Prinzipskizze eines Drehstrom-Synchronmotors

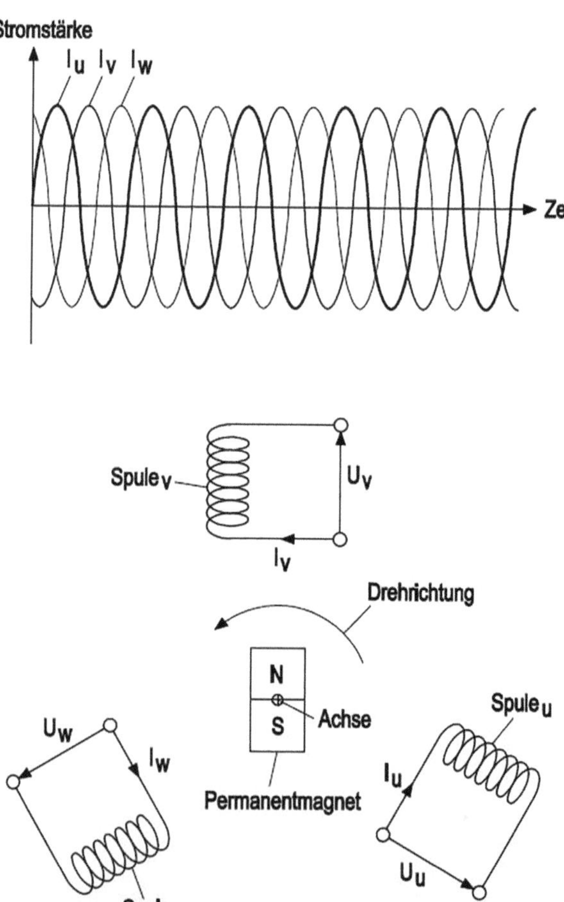

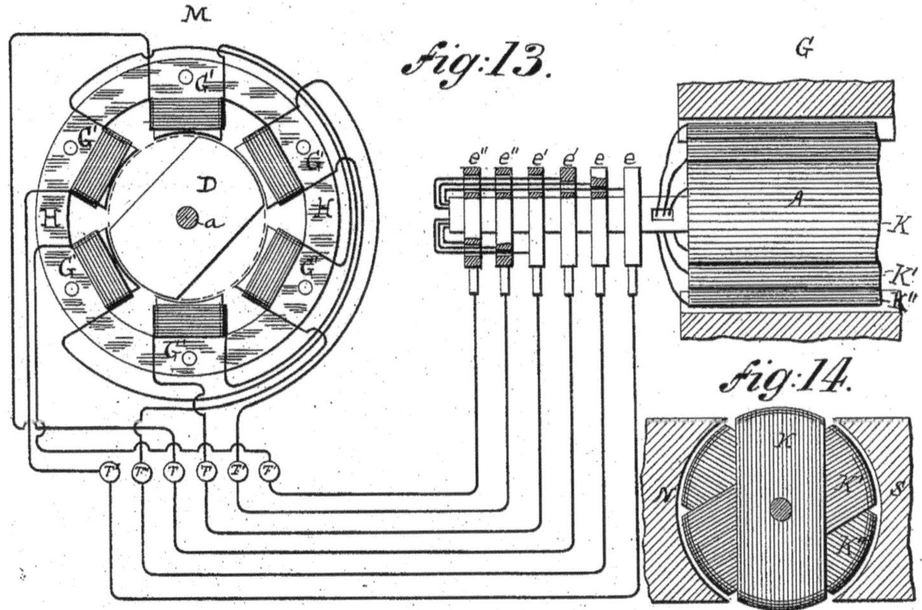

Abb. 11.2 Fig. 13 der US381968

11.2 Drehstrom-Asynchronmotor – Michail Ossipowitsch Doliwo-Dobrowolski

Michail Ossipowitsch Doliwo-Dobrowolski (geboren am 3. Januar 1862; gestorben am 15. November 1919) ist der Erfinder des Drehstrom-Asynchronmotors. In seinem Patent DE 51083, das am 8. März 1889 erteilt wurde, beschreibt er einen Rotor (Anker, Läufer) für Wechselstrommotoren. Der Rotor ist zu dem eines Drehstrom-Synchronmotors unterschiedlich ausgebildet, denn der Rotor ist im einfachsten Fall eine Wicklung einer Spule, die kurzgeschlossen ist. Alternativ ist der Rotor eine Wicklung, die an einem Stromkreis integriert ist, der zusätzlich einen Widerstand, insbesondere einen änderbaren Widerstand umfasst. Ist die Wicklung an einem Widerstand angeschlossen, wird von einem Schleifringläufer gesprochen. Ist die Wicklung kurzgeschlossen spricht man von einem Kurzschlussläufer.

Der Hauptanspruch des Patents lautet:

> *„Ein Anker für Elektromotoren, welche durch Wechselströme betrieben werden, bestehend aus einem beliebig geformten Eisenkörper, welcher entweder von Kupferadern irgendwelcher Form (Draht, Band u. s. w.), deren Enden alle untereinander in leitender Verbindung stehen, durchzogen ist (s. Fig. 1 und 2), oder der solche Kupferadern in Vertiefungen*

(Nuthen) seiner Oberfläche enthält, die ebenfalls an ihren Enden untereinander leitend verbunden sind (s. Fig. 3), oder dessen Oberfläche theilweise oder ganz mit einer elektrisch zusammenhängenden Schicht bedeckt ist."[2]

In dem Anspruch wird der Anker beschrieben, dessen Kupferadern, also Wicklungen einer Spule, in Verbindung stehen, beispielsweise kurzgeschlossen sind oder durch einen zwischengeschalteten Widerstand verbunden sind.

Beim Schleifringläufermotor werden die Anschlüsse an die Läuferwicklung nicht kurzgeschlossen, sondern über Schleifringe abgegriffen. Die Läuferwicklung kann mit Widerständen beschaltet werden und so zu einer Schaltung mit variierbarem Widerstand führen. Alternativ kann die Läuferwicklung mit einer Wechselspannung mit variierbarer Frequenz beschaltet werden. Hierdurch kann die Drehzahl des Motors beeinflusst werden.

Der Drehstrom-Asynchronmotor basiert auf dem physikalischen Effekt, dass ein sich änderndes Magnetfeld in einem Leiter eine Spannung erzeugt. Ist der Leiter kurzgeschlossen, fließt ein Strom, der ein Magnetfeld erzeugt, das gegen das erzeugende Magnetfeld gerichtet ist.

Die Abb. 11.3 zeigt das Induzieren eines Stroms $I_{\text{Induktion}}$ in einem kurzgeschlossenen Leiter, der der Rotor eines Drehstrom-Asynchronmotors darstellt. Je nachdem wie sich das äußere Magnetfeld ändert, das vom Stator erzeugt wird, ändert sich die Stromrichtung. Der kurzgeschlossene Leiter kann dadurch zur Rotation gebracht werden, wobei sich der Leiter so verhalten wird, dass eine Änderung der Situation vermieden wird. Der Leiter wird daher immer entgegen einer Änderung der elektromagnetischen Verhältnisse wirken. Letzten Endes wird der Leiter daher der Änderung des Drehfelds des Stators folgen, um damit relativ zueinander eine konstante Situation sicherzustellen. Allerdings wird der Leiter dem Drehfeld hinterherhinken, denn nur bei einer relativen Änderung zum erzeugenden Drehfeld wird überhaupt Strom im Leiter induziert, der eine Kraft ausüben kann. Aus diesem Grund ist die Frequenz des Leiters unterschiedlich zum Drehfeld des Stators, woraus sich die Bezeichnung Asynchronmotor, also Rotation des Rotors nicht synchron mit dem Drehfeld des Stators, ableitet.

Die Abb. 11.4 zeigt drei Rotoren mit Bohrungen, in die Kupferstäbe E eingeführt werden, die durch Kupferplatten b an den Stirnseiten des Rotors kurzgeschlossen werden. Hierdurch ergeben sich im Läufer Ausgestaltungen der Windungen, die an Käfige erinnern. Aus diesem Grund wird diese Variante des Elektromotors auch als Käfigläufer bezeichnet.

---

[2] DPMA,   https://depatisnet.dpma.de/DepatisNet/depatisnet?action=pdf&docid=DE0000000 51083A, abgerufen am 15.03.2024.

Abb. 11.3 Prinzip der
elektromagnetischen Induktion

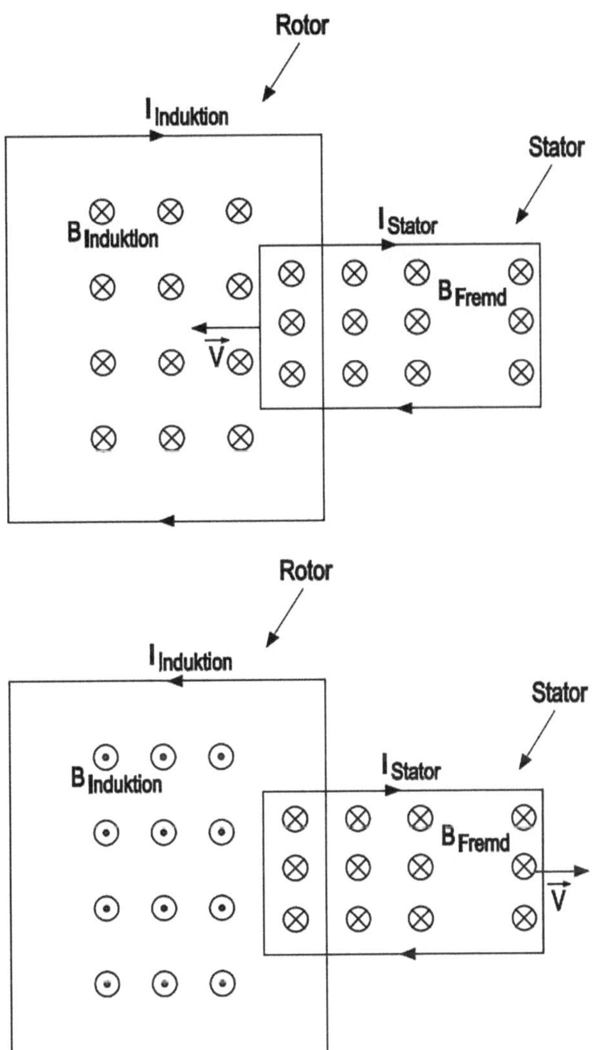

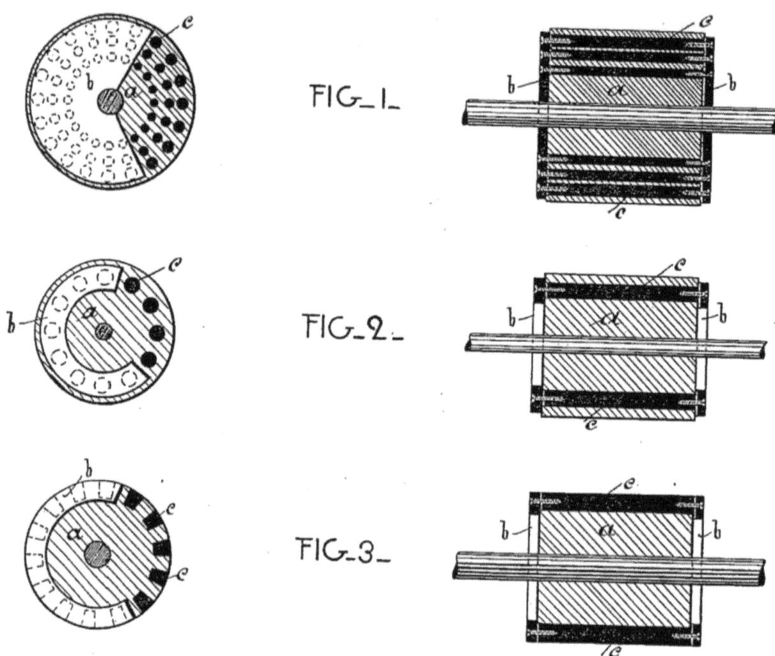

Abb. 11.4 Fig. 1 bis 3 der DE51083

Ein wesentliches Merkmal der Mikroelektronik sind die integrierten Schaltkreise (ICs), bei denen auf einem gemeinsamen Halbleitermaterial mehrere elektronische Bauteile angeordnet sind. Auf diese Weise kann eine hohe Dichte von elektronischen Bauteilen erreicht werden.

12.1 Integrierter Schaltkreis – Werner Jacobi

Werner Jacobi (geboren am 31. März 1904; gestorben am 3. Mai 1985) entwickelte als erster einen integrierten Schaltkreis. In seinem Patent DE 833366 B, das am 15. Mai 1952 erteilt wurde, beschreibt er einen „Halbleiterverstärker", der auf einem Halbleiter mehrere elektronische Bauteile umfasst.

Der Hauptanspruch des Patents lautet:

> *„1. Halbleiterverstärker, dadurch gekennzeichnet, daß auf den Halbleiter mehrere in verschiedenen Schalt- bzw. Verstärkerstufen wirkende Elektrodensysteme aufgesetzt werden."* [1]

Der Anspruch beschreibt daher bereits das grundlegende Prinzip eines integrierten Schaltkreises, bei dem auf einem Halbleiter eine Vielzahl an Bauelementen realisiert werden und deren Verbindungen ebenfalls bereits hergestellt sind.

Die Abb. 12.1 zeigt die erfindungsgemäße Anordnung, bei der auf einem Halbleiter K insgesamt fünf Transistoren angeordnet sind. Der Erfinder Jacobi schreibt in seinem

---

[1] DPMA, https://depatisnet.dpma.de/DepatisNet/depatisnet?action=pdf&docid=DE0000008333 66B&xxxfull=1, abgerufen am 16.02.2024.

© Der/die Autor(en), exklusiv lizenziert an Springer-Verlag GmbH, DE, ein Teil von Springer Nature 2024
T. H. Meitinger, *Elektronik. Hightech in Patenten*, https://doi.org/10.1007/978-3-662-69755-9_12

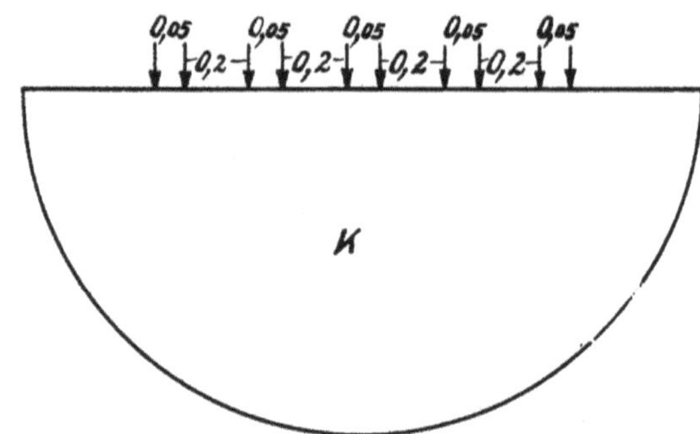

Abb. 12.1 Figur der DE833366

Patent, dass zwischen den einzelnen „Elektrodensysteme", beispielsweise Transistoren, ein Abstand von 0,2 mm einzuhalten wäre, damit eine gegenseitige Beeinflussung ausgeschlossen werden kann. Die Bauteile selbst hätten einen Elektrodenabstand von 0,05 mm, die wie gewünscht verschaltet werden können.

12.2　bistabiles Kippglied – Jack Kilby

Jack St. Clair Kilby (geboren am 8. November 1923; gestorben am 20. Juni 2005) baute als erster ein bistabiles Kippglied, das mehrere elektronische Bauteile umfasste, auf einem gemeinsamen Halbleiter, und damit als integrierten Schaltkreis, auf. Dadurch war es möglich, auf sehr kleinem Raum eine hohe Dichte an elektronischen Bauteilen zu erreichen. Ein bistabiles Kippglied, auch als „Flip-Flop" bezeichnet, stellt einen elementaren Speicher dar, auf dem jeder Computerspeicher aufbaut. In seinem Patent US 3138743, das am 6. Februar 1959 beim US-Patentamt eingereicht wurde, beschreibt er seine Erfindung.

Der Hauptanspruch des Patents lautet:

> *„1. In an integrated circuit having a plurality of electrical circuit components in a wafer of single-crystal semiconductor material, a plurality of junction transistors defined in the wafer, each transistor including thin layers of semiconductor material of opposite conductivity-types adjacent one major face of the wafer providing a base and an emitter region which overlie a collector region, the base-emitter and base-collector junctions of each of said transistors extending wholly to said one major face, a plurality of thin elongated regions of the wafer exhibiting substantial resistance to provide semiconductor resistors, the elongated regions being spaced on said one major face from the transistors, and conductive means connecting selected ones of the elongated regions to regions of selected ones of the transistors."*[2]

Der Hauptanspruch beansprucht eine integrierte Schaltung mit mehreren elektronischen Bauteilen, die auf einem einzelnen Wafer angeordnet sind. Insbesondere sind auf dem

---

[2] DPMA,　https://depatisnet.dpma.de/DepatisNet/depatisnet?action=pdf&docid=US0000031387 43A&xxxfull=1, abgerufen am 16.02.2024.

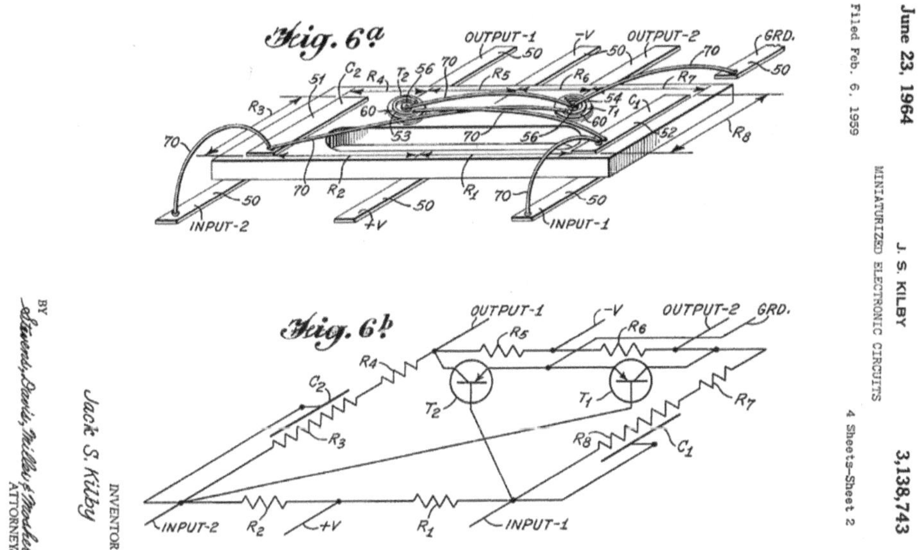

Abb. 12.2   Fig. 6a und 6b der US 3138743

Wafer Transistoren ausgebildet. Auf diese Weise kann eine integrierte Schaltung realisiert werden. Ein Beispiel einer integrierten Schaltung ist das Flip-Flop, das in den Zeichnungen 6a und 6b (siehe Abb. 12.2) dargestellt ist. Als Wafer werden dünne Scheiben aus Halbleitermaterial bezeichnet, die als Basis für integrierte Schaltkreise dienen.

Die Abb. 12.2 zeigt in der unteren Figur 6b eine schematische Darstellung eines Flip-Flops und in der Figur 6a die perspektivische Darstellung der erfindungsgemäßen Realisierung auf einem Halbleiter.

Ein Computer umfasst einen Prozessor als Recheneinheit, Speicherelemente und Ein-
und Ausgänge. Die Ein- und Ausgänge können beispielsweise Analog-Digital-Wandler
bzw. Digital-Analog-Wandler sein, um eine Verbindung zur realen Welt, die analog ist,
herzustellen.

13.1 Erster „Computer" – Konrad Zuse

Konrad Zuse ist der Pionier der Computertechnik, der mit seinem Z3 den ersten Computer
baute. In seinem Patent DE 975966 „Rechenmaschine zur Durchführung von arithmetischen Rechenoperationen", die am 30. Juni 1949 erteilt wurde, beschreibt er seine
Erfindung.

Der Hauptanspruch lautet:

*„1. Rechenmaschine zur Durchführung von arithmetischen Rechenoperationen unter Auftei-
lung jeder Rechenoperation in mehrere Teiloperationen, die in getrennten Teilrechenvorrichtungen durchgeführt werden, dadurch gekennzeichnet, daß zur periodischen Durchführung auf-
einanderfolgender gleichartiger Rechenoperationen die zu einer Rechenoperation gehörenden
Teiloperationen in Abhängigkeit von einer Steueranordnung nacheinander auf verschiedenen
Teilrechenvorrichtungen durchgeführt werden, wobei einerseits von der einen Teilrechenvorrichtung die Zwischenergebnisse auf die nächste Teilrechenvorrichtung übertragen werden
und andererseits mit der nächsten Rechenoperation bereits begonnen wird, nachdem die erste*

*Teiloperation der vorhergehenden Rechenoperation auf der ersten Teilrechenvorrichtung beendet ist, so daß mehrere voneinander unabhängige Rechenoperationen gleichzeitig mit einem
Phasenschub von der Zeitdauer der Durchführung einer Teiloperation durchgeführt werden. "*[1]

Die Abb. 13.1 gibt einen Überblick über die erfinderische Rechenmaschine, wobei die
Rechenmaschine mit Lochkarten 1001 gefüttert wird. Lochkarten sind dünne Kartons, in
die Löcher eingeprägt werden, um als externer Datenträger zu dienen. Der Ort der Löcher
oder deren Fehlen an bestimmten Orten stellt die Information dar. Lochkarten wurden von
Magnetbändern ersetzt und spätestens in den 70-er Jahren kaum noch verwendet. In wenigen Bereichen werden Lochkarten weiterhin eingesetzt, beispielsweise als Stempelkarten
bei Stempeluhren oder als Parkscheine, bei denen je nach Lochung Zeitangaben oder
sonstige Modalitäten vermerkt werden.

Unbeschriebene Lochkarten 1001 werden von der Vorrichtung 1 aufgenommen und
dem Locher 3 zugeführt, wobei zwischen der Vorrichtung 1 und dem Locher 3 ein
Kartenverzögerer 2 angeordnet wird, der den Locher 3 in einem Tempo mit Lochkarten versorgt, wie dies von der Rechenmaschine benötigt wird. Die Vorrichtung 1 kann
alternativ gelochte Lochkarten auslesen und diese Daten einem Verteiler 6 und einem
Vorspeicher 8 zukommen lassen. Diese Daten gelangen dann zu dem Rechenwerk 10
und werden verarbeitet. Die Ergebnisse des Rechenwerks 10 können an den Locher 3
weitergegeben werden, der entsprechende Lochungen an Lochkarten vornimmt, um die
Daten abzuspeichern. Das Bauteil 18 stellt den internen Speicher der Rechenmaschine
dar. Die Rechenmaschine wird mittels eines „Programmwerks" 11 gesteuert, das seine
Anweisungen von einem umlaufenden Lochstreifen 1004 erhält.

In seinem Patent DE 000Z0000391 MAZ, das am 16. Juni 1941 beim Patentamt eingereicht wurde, beschreibt Konrad Zuse außerdem den grundsätzlichen Aufbau eines
Computers, der im Wesentlichen bis heute in dieser Form realisiert wird.

Die Abb. 13.2 zeigt die Struktur eines modernen Computers mit einer CPU, Eingabe-
und Ausgabeeinheiten, einem Speicher und einem Bussystem. Die Anordnung eines
Bussystems ist relativ modern. Hierdurch kann eine beliebige Anzahl an Geräten dem
Computersystem, auch nachträglich, hinzugefügt werden. Diese Struktur entspricht der
Von-Neumann-Architektur, die insbesondere eine Trennung von Rechenwerk und Speicher vorsah. John von Neumann (geboren am 28. Dezember 1903; gestorben am 8.
Februar 1957) war ein Mathematiker, der die Informatik mitbegründete.

Konrad Zuse hat die wesentlichen Elemente heutiger Computer bereits damals realisiert. Der Hauptanspruch seiner Patentschrift DE 000Z0000391 MAZ lautet:

*„1. Rechenvorrichtung, bestehend aus einem eigentlichen Rechenwerk A, welches nach Einstellung der Operanden und der auszuführenden Rechenoperationen selbsttätig das Resultat
bestimmt, einem Speicherwerk C mit mehreren Zellen, wobei jede Zelle zwecks gegenseitiger
Zahlenübertragung über ein Wählwerk Pa mit dem Rechenwerk verbunden werden kann,*

---

[1] DPMA,   https://depatisnet.dpma.de/DepatisNet/depatisnet?action=pdf&docid=DE0000009
75966B, abgerufen am 24.02.2024.

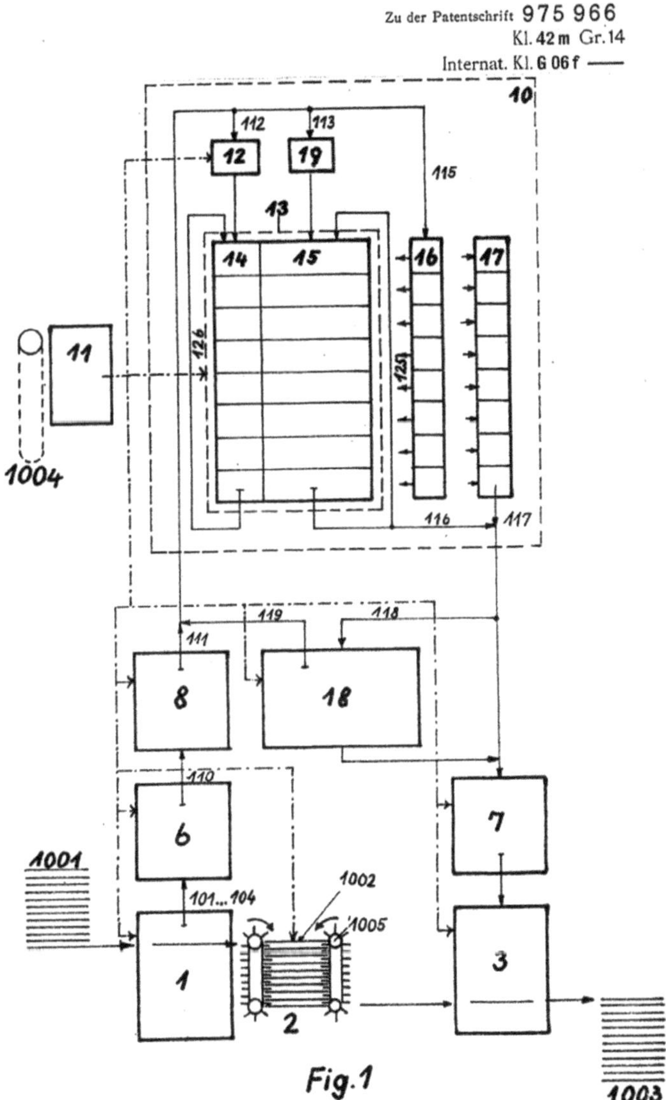

Abb. 13.1   Fig. 1 der DE975966

*und einem Planwerk P zum Steuern der Gesamtanlage durch einen Rechenplan, dadurch
gekennzeichnet, dass der Rechenplan dem gewünschten Ablauf der Operationen entsprechend*

Abb. 13.2 Aufbau eines
Computers

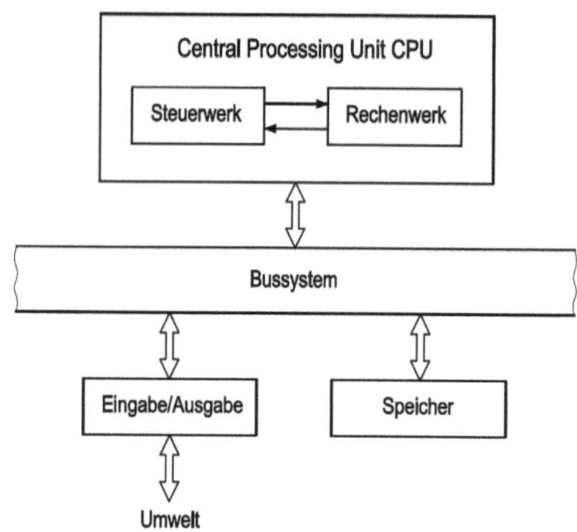

am Rechenwerk die Art der Operation, am Speicherwerk die Ablese- oder Speicherkomman-
dos und am Wählwerk die Nummern der Speicherzellen fortlaufend und selbsttätig angibt
(Abb. 1)."[2]

Zuse beschreibt in seinem Hauptanspruch ein Rechenwerk A, ein Speicherwerk C, ein
Wählwerk Pa, das mit dem Rechenwerk A verbunden sein kann, und ein Planwerk P,
das die Gesamtanlage steuert. Die Struktur eines Computers nach Zuse ähnelte daher
bereits den modernen Strukturen, indem es ein Rechenwerk gibt, das von einem separaten
Steuerwerk gesteuert wird, und ein zusätzlicher separater Speicher vorhanden ist.

Die Abb. 13.3 zeigt die erste Abbildung des Patents von Konrad Zuse mit dem
Additionswerk A, dem Planwerk P und dem Speicherwerk C.

13.2   Read Only Memory – James R. Biard

James R. Biard (geboren am 20. Mai 1931; gestorben am 23. September 2022) ist der
Erfinder des Read Only Memory (ROM). Ein ROM ist ein nichtflüchtiger Speicher, dessen
Werte von einem Computer nur gelesen und nicht verändert werden können. In seinem
Patent US 3,541,543, das am 25. Juli 1966 beim Patentamt eingereicht wurde, beschreibt
er seine Erfindung.

Der Hauptanspruch der Patentschrift lautet:

„1. A binary-to-alphanumeric decoder comprising a semiconductor substrate having a plura-
lity of insulated gate field effect transistors formed at selected locations thereon, the transistors

---

Abb. 13.3 Abb. 1 der
DE000Z0000391MAZ

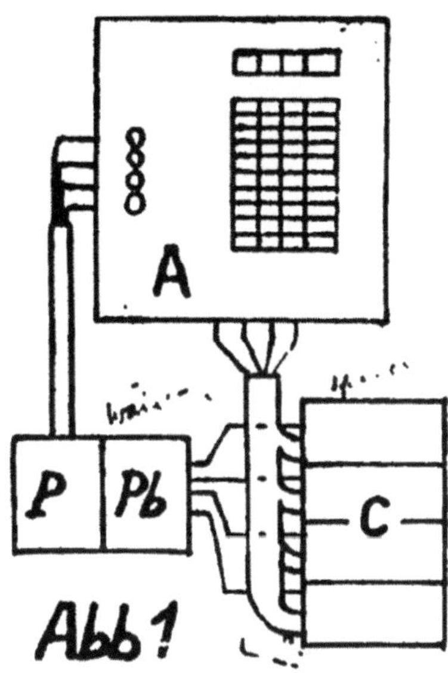

*being arrayed in a number of binary input rows corresponding to twice the number of binary
digits to form true and complement input rows for each binary digit, and a number of alphanumeric output rows equal to the number of alphanumeric characters represented by the binary
inputs, the input and output rows being disposed generally in orthogonal relationship, the
gates of the transistors in each binary input row being common and constituting the true or
complement binary input, the drains of the transistors in each alphanumeric output row being
common and forming a single alphanumeric output, the sources of all the transistors being
common, the transistors in each alphanumeric output row being equal in number to the number
of true binary inputs and which are at the input level for turning the transistors „off" when
the binary inputs represent that particular alphanumeric output whereby each alphanumeric
output will be at essentially the drain potential when the binary input number represents that
particular alphanumeric output and will be essentially at the source potential for all other
binary input numbers."*[3]

In dem Anspruch wird insbesondere die Zusammenschaltung der Transistoren beschrieben, damit sie auf einem gemeinsamen Halbleiter angeordnet werden können. Beispielsweise wird beschrieben, dass die Sources aller Feldeffekttransistoren verbunden
werden.

Die Abb. 13.4 zeigt in der Figur 1 eine schematische Darstellung eines Teils eines
Speicherelements, insbesondere ist ein Binär-Dezimal-Decoder und Treiberelemente dar-
gestellt. Treiberelemente dienen der Verstärkung von Signalen. Die Figur 5 zeigt eine
Schnittdarstellung des Speicherchips.

---

[3] DPMA,   https://depatisnet.dpma.de/DepatisNet/depatisnet?action=pdf&docid=US0000035
41543A, abgerufen am 20.02.2024.

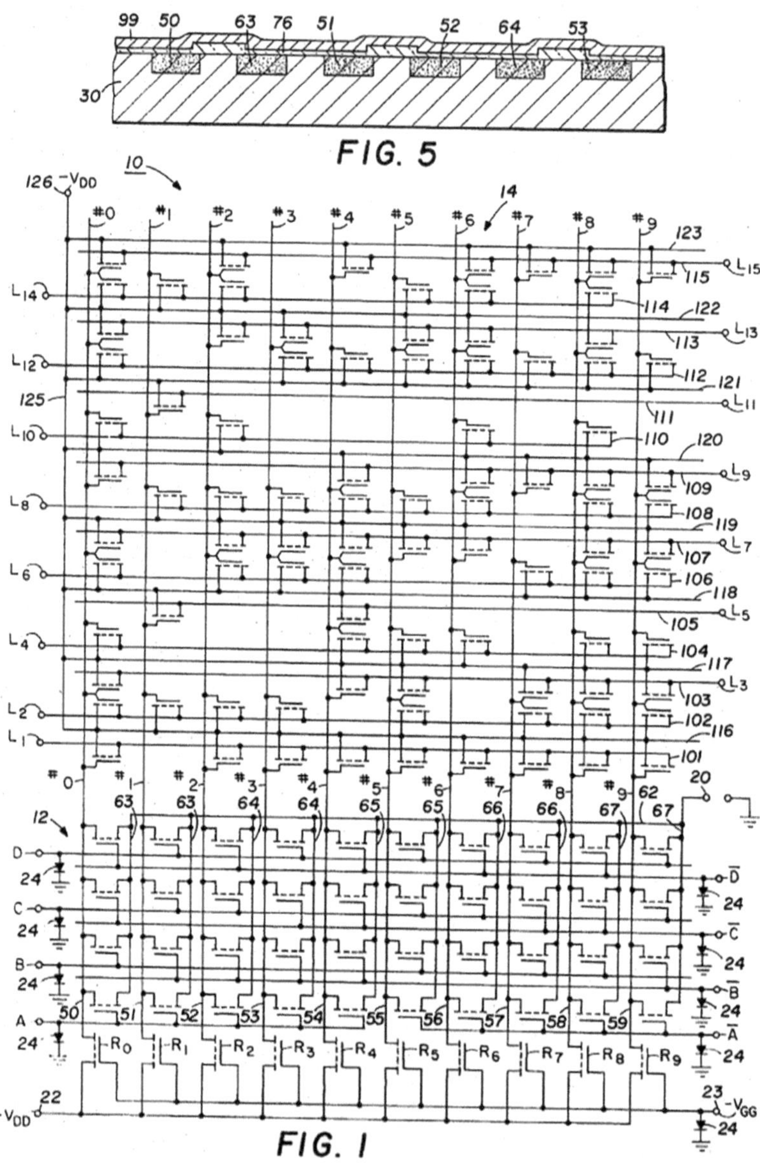

Abb. 13.4 Fig. 1 und 5 der US3,541,543

13.3   Speicher mit Feldeffekttransistoren – Robert Heath Dennard

In seinem Patent DE 1774482 C, das am 29. Juni 1968 zum Patent angemeldet wurde, beschreibt Robert Heath Dennard (geboren am 5. September 1932) seine Erfindung eines Speichers mit Feldeffekttransistoren für einen Computer, wobei sich der Speicher durch schnelle Zugriffszeiten auszeichnet.

Der Hauptanspruch des Patents lautet:

> *„1. Kapazitiver wortorientierter Speicher unter Verwendung von Feldeffekt-Transistoren für binär codierte Daten, dadurch gekennzeichnet, dass jede Speicherzelle aus einem Feldeffekt-transistor (12) und einem Kondensator (14) besteht, der mit dem Senkenanschluss (12D) des Feldeffekttransistor verbunden ist, dass die Torelektrode (12G) mit der Wortleitung (24), der Quellenanschluss (12S) mit der Bitleitung (26) und der Trägerschichtanschluss (12 W) mit einer Bezugsspannungsquelle (40) verbunden sind und dass die Bitleitung (26) beim Lesevorgang als Abfrageleitung dient.“*[4]

Die Abb. 13.5 zeigt Feldeffekttransistoren 12 mit einem Kondensator 14, die als Speicherelemente genutzt werden. Ein bestimmtes Speicherelement kann dadurch angesprochen werden, dass mit einer Wortleitung 24 die Gate-Anschlüsse 12G einer Spalte der Feldeffekttransistoren und mit einer Bitleitung 26 die Source-Anschlüsse 12S einer Zeile der Matrix von Feldeffekttransistoren angewählt wird.

13.4   Taschenrechner – Jack Kilby

Jack St. Clair Kilby (geboren am 8. November 1923; gestorben am 20. Juni 2005) entwickelte den heutigen Taschenrechner. In seinem Patent DE 1774893 A, das am 27. September 1968 beim deutschen Patentamt eingereicht wurde, beschreibt er seinen „elektronischen Kleinstrechner“ (Titel der Patentschrift).

Der Hauptanspruch der Patentschrift lautet:

> *„Elektronischer Rechner mit einer Tastatur zum Eingeben der zu verarbeitenden Ziffern und der Operationsbefehle, mit einer Schaltung zur Verarbeitung der Ziffern entsprechend den eingegebenen Befehlen sowie zur Erzeugung von Steuersignalen und mit einer vorzugsweise als Drucker ausgebildeten Ausgabevorrichtung zum Ausgeben der Ein- und Ausgabewerte, dadurch gekennzeichnet, dass ein Tastatur-Verschlüssler (6) zur Erzeugung bestimmter Eingabe-Signale entsprechend der jeweils betätigten Taste (23) vorgesehen ist, und dass die Schaltung eine integrierte Schaltungsanordnung (72–75), in der Speicherkreise (SR1, SR2,*

---

[4] DPMA,   https://depatisnet.dpma.de/DepatisNet/depatisnet?action=pdf&docid=DE0000017744 82C&xxxfull=1, abgerufen am 16.03.2024.

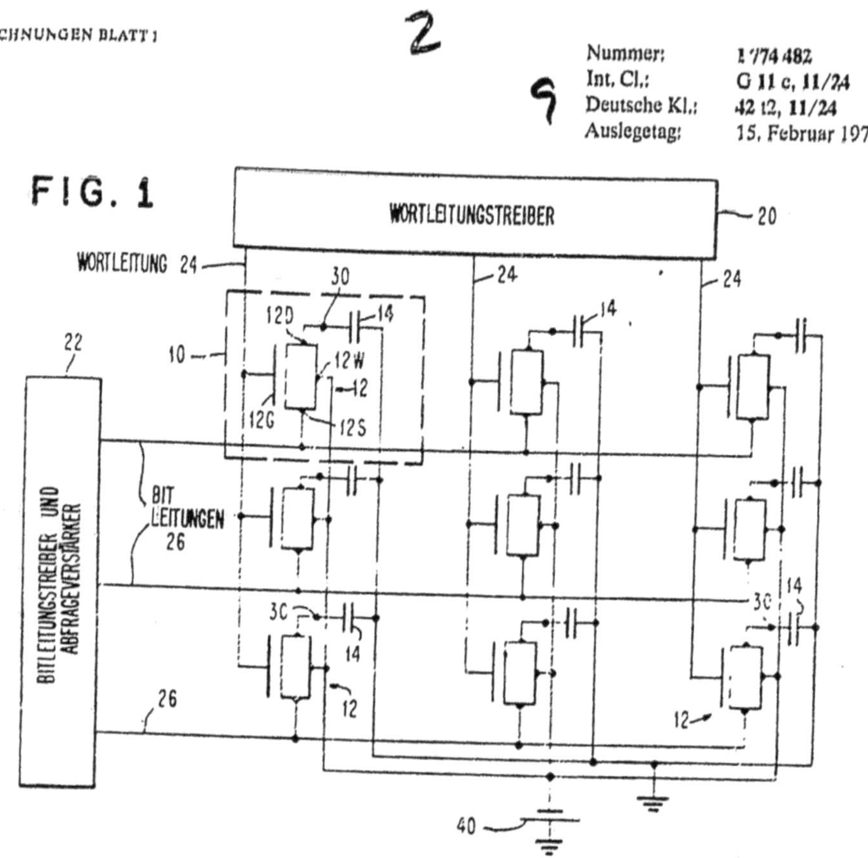

Abb. 13.5 Fig. 1 der DE1774482

SR3) zur Speicherung der eingegebenen Ziffern enthalten sind, sowie ein Rechen- und Speicherwerk (300,305,SR1,SR2) zur Verarbeitung dieser Ziffern und zur Speicherung des Ergebnisses aufweist, wobei dieses Rechen- und Speicherwerk einen Teil der Speicherkreise (SR1,SR2) umfasst, und dass der der Schaltung teilweise angehörende Drucker (4) an die integrierte Schaltungsanordnung angeschlossen ist. "[5]

Die Abb. 13.6 zeigt den erfindungsgemäßen Taschenrechner mit Tastaturknöpfen 23, wobei durch das Drücken einer Taste 23 durch die Verschlüsslerplatte 6 eine Eingabe erzeugt wird, die von einer darunter liegenden Logikplatte 7 verarbeitet werden kann. Das Ergebnis der Logikplatte 7 wird einem Heizdrucker 4 übermittelt, der das Ergebnis auf ein Papierband 14 aufdruckt. Das Papierband 14 wird über eine seitliche Öffnung

---

[5] DPMA,   https://depatisnet.dpma.de/DepatisNet/depatisnet?action=pdf&docid=DE0000017748 93A&xxxfull=1, abgerufen am 16.02.2024.

ausgegeben. Der Heizdrucker 4 wird von einer Rolle 14' mit dem Papierband 14 versorgt. Am Boden des Taschenrechners sind Akkumulatoren 17 und 18 angeordnet, die über einen Batteriestecker 16 geladen werden können.

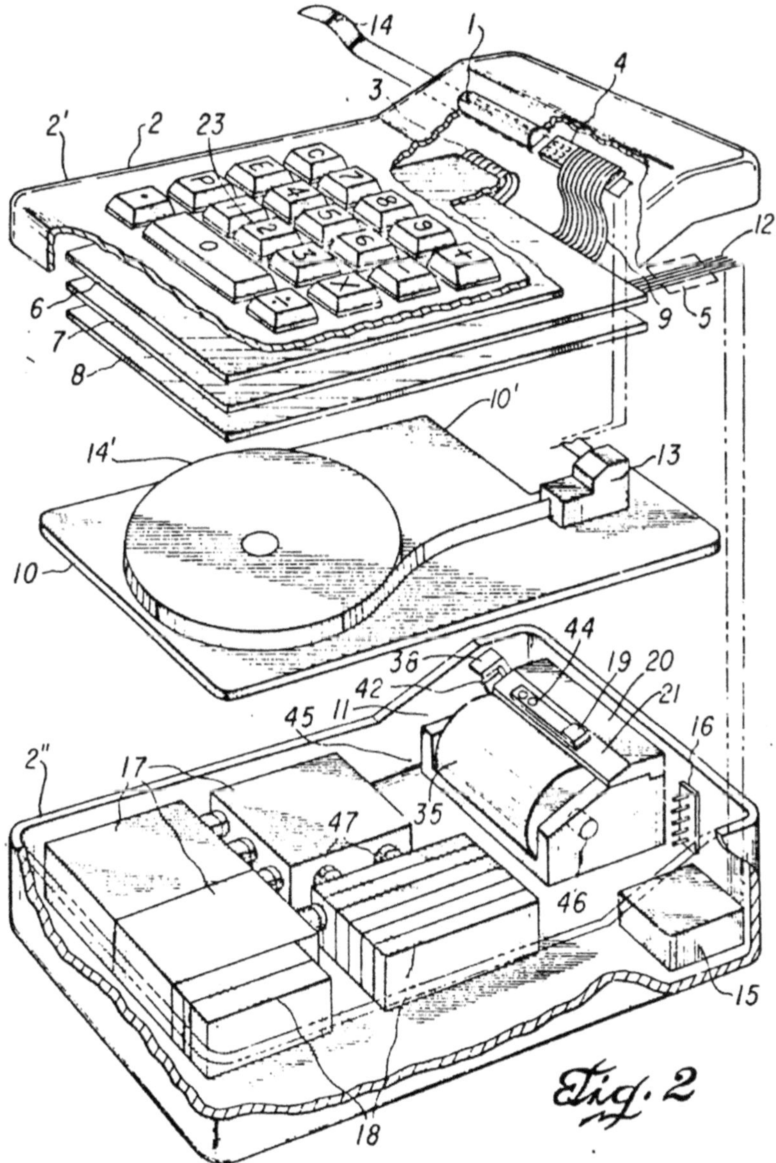

Abb. 13.6 Fig. 2 der DE1774893A

13.5   Computermaus – Douglas Engelbart

Douglas Engelbart (geboren am 30. Januar 1925; gestorben am 2. Juli 2013) ist der Erfinder der Computermaus. Sein Patent US 3,541,541 beschreibt einen „X-Y-Positionsindikator für ein Bildschirmsystem". Das Patent wurde am 17. November 1970 erteilt.

Der Hauptanspruch des Patents lautet:

„1. In a display system controlled by a computer whereby the display is alterable in accordance with signals delivered to said computer which indicate positions on said display and changes desired to be made therein, the improvement in a position indicating control apparatus. which is movable over a surface to provide position indications corresponding to positions on said display comprising: a housing; first position wheel rotatably mounted on said housing and having a rim portion extending past the boundaries defined by said housing for supporting said housing on said surface; a second position wheel rotatably mounted on said housing with its axis of rotation oriented perpendicular to the axis of said first wheel, said second position wheel having a rim portion extending past said housing for supporting said housing on said surface;

transducer means connected to each of said first and second wheels, for generating digital position indicating signals indicating the degree of rotation of said wheels; and flexible conductor means for connecting said transducer means to said computer, for conducting said position indicating signals to said computer while enabling unrestrained movement of said housing relative to said computer. "[6]

Der Anspruch beschreibt eine „Positionsanzeige-Steuervorrichtung", die über eine Oberfläche bewegbar ist. Die erfindungsgemäße Vorrichtung weist ein erstes Positionsrad und ein zweites Positionsrad in einem separaten Gehäuse auf, wobei die beiden Positionsräder senkrecht zueinander ausgerichtet sind. Auf dieses Weise können x-y-Koordinaten festgestellt und an ein Computersystem übermittelt werden.

Die Abb. 13.7 zeigt in der Figur 1 das erfindungsgemäße Anzeige- und Bedienelement 16, das unserer heutigen Computermaus entspricht. Die Figur 2 ist eine Schnittdarstellung und die Figur 3 ist eine Draufsicht auf das Anzeige- und Bedienelement 16. In dem Gehäuse sind insbesondere die Positionsräder 42 und 46 angeordnet, die zueinander um 90° versetzt sind.

---

[6] DPMA,   https://depatisnet.dpma.de/DepatisNet/depatisnet?action=pdf&docid=US0000035 41541A, abgerufen am 20.02.2024.

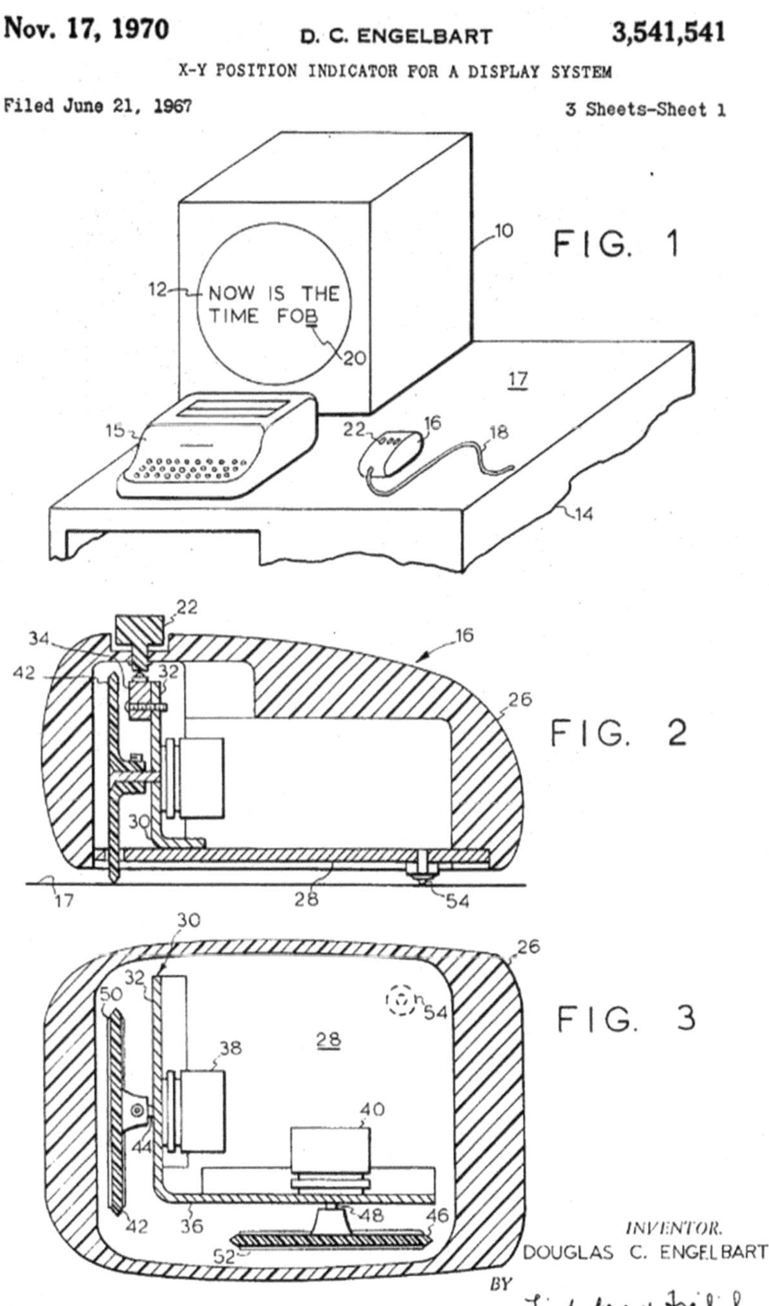

Abb. 13.7 Fig. 1 bis 3 der US3541541

13.6 Quantencomputer

In dem Bereich der Quanteninformatik wird aktuell umfangreich geforscht und eine stetig steigende Anzahl an Erfindungen zum Patent angemeldet. Spätestens seit 2016 kann diese Tendenz festgestellt werden. Im Vergleich zu 2016 hat sich die Anzahl der Neuanmeldungen im Jahr 2020 beim Europäischen Patentamt mehr als verdoppelt.[7]

Die heutigen Computer kennen nur die beiden Zustände „0" und „1", wobei jedes Bit eines klassischen Computers zu jedem Zeitpunkt einen deterministischen Wert inne hat, beispielsweise „1" und dann nicht „0". Es gilt das „entweder-oder-Prinzip". Bei Quantencomputern gibt es keine Bits, sondern sogenannte Qubits, die ebenfalls „0" oder „1" annehmen können, allerdings erst wenn das Qubit ausgelesen wird. Bis dahin befindet sich das Qubit in einer Situation der Superposition, bei der es eine „0" und gleichzeitig eine „1" darstellt. Erst beim Auslesen nimmt das Qubit eine „0" oder eine „1" an. Anweisungen für Rechenoperationen wirken sich auf beide Werte „0" und „1" des Qubits aus, sodass es sich bei einem Quantencomputer um einen Computer handelt, der per se parallel arbeitet. Das ist der Grund, warum ein Quantencomputer grundsätzlich leistungsstark ist.

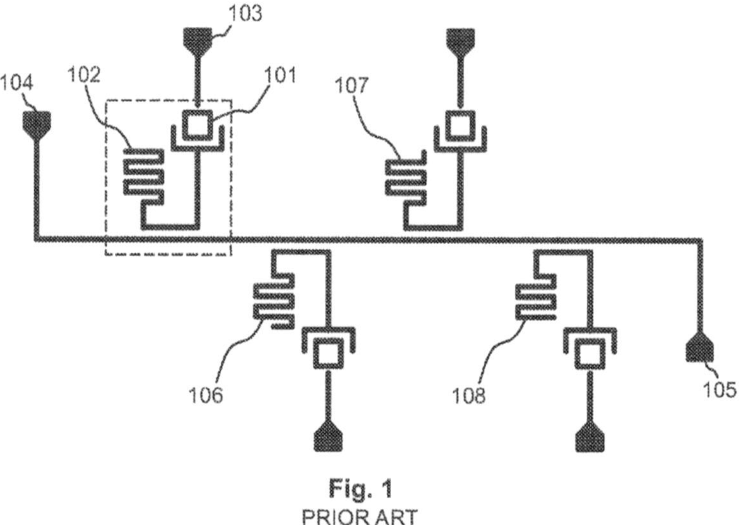

Abb. 13.8 Fig. 1 der US11909395

---

[7] Europäisches Patentamt, https://www.epo.org/de/news-events/news/quanteninformatik-technolog ien-auf-dem-vormarsch, abgerufen am 28.02.2024.

In dem Patent US 11,909,395 B2[8] wird der Auslesevorgang eines Qubits beschrieben. Außerdem wird ein Verfahren vorgeschlagen, mit dem der Wert eines Qubits schneller und zuverlässiger ausgelesen werden kann.

Die Abb. 13.8 zeigt die Fig. 1 der US 11,909,395 mit vier Qubits 101, die in Reihe mit Mikrowellenresonatoren 102, 106, 107 und 108 geschaltet sind. Die Mikrowellenresonatoren 102, 106, 107 und 108 weisen unterschiedliche Resonanzfrequenzen auf. Soll beispielsweise das Qubit 101 ausgelesen werden, wird in den Auslese-Eingang 104 eine geeignete Auslesewellenform eingespeist, die mit dem Mikrowellenresonator 102 geeignet interagiert, wodurch das Qubit 102 angesprochen und ausgelesen wird. Das resultierende Auslesesignal wird am Auslese-Ausgangsanschluss 105 zur Verfügung gestellt.

---

[8] DPMA, https://depatisnet.dpma.de/DepatisNet/depatisnet?action=pdf&docid=US0000119093 95B2&xxxfull=1, abgerufen am 17.03.2024.